El pequeño libro de los aliens

ADAM FRANK

EL PEQUEÑO LIBRO DE LOS ALIENS

La fascinante búsqueda de vida extraterrestre

ESPASA

Título original: *The Little Book of Aliens*

Ilustraciones de apertura de los capítulos: Milan Bozic

Espasa es un sello editorial de Editorial Planeta, S. A.
Avda. Diagonal, 662-664, 08034, Barcelona (España)
www.espasa.com
www.planetadelibros.com

Primera edición: marzo de 2024

Depósito legal: B. 3.083-2024
ISBN: 978-84-670-7210-5
Preimpresión: Safekat, S. L.
Impresión y encuadernación: Black Print
Printed in Spain - Impreso en España

PEFC Certificado
Este libro procede de bosques gestionados de forma sostenible
PEFC
PEFC/14-38-00305
www.pefc.es

Al profesor Bruce Balick.

Siempre les digo a los nuevos alumnos que la elección de un buen director de tesis es la decisión más importante que tendrán que tomar durante su doctorado. Y se lo digo porque yo tuve la suerte de encontrarte. Gracias por demostrarme, con tu ejemplo y de forma constante, cuáles son las cualidades que hay que tener para dedicarse toda la vida a la ciencia: creatividad, amabilidad, disfrute y minuciosidad.

ÍNDICE

Introducción

A todo el mundo le fascinan los alienígenas. Lo sé porque todo el mundo me lo dice. Cuando alguien se entera de que soy astrofísico, lo primero por lo que me preguntan es sobre la vida en el Universo. «¿Existen los aliens?» es una de las preguntas más habituales, una tan difícil de responder como otra del mismo estilo: «¿Qué ocurre después de morir?». No existe respuesta para ninguna de esas preguntas, aunque sí muchas y variadas opiniones. El día que podamos responderlas con exactitud el mundo cambiará para siempre.

La cuestión es que a mí también me gusta el tema de los alienígenas. De hecho, he estado obsesionado con ellos desde niño. Me enganché a los cinco años, cuando encontré las revistas baratas de ciencia ficción de mi padre. En todas las portadas aparecían naves espaciales, lunas desiertas y monstruos alienígenas de ojos saltones. Fue entonces cuando decidí que aprendería todo lo que pudiera sobre las estrellas y la vida extraterrestre. Esta obsesión me convirtió en un niño bastante irritante (al parecer, una de las cosas que me gustaba hacer era decir constantemente y a todo el mundo cuál era la velocidad de la luz con cuatro decimales), pero también fue el estímulo que me impulsó a ver todos los documentales, películas malas de ciencia ficción y reposiciones de *Star Trek* que pude. Para mí, todas esas representaciones de alienígenas eran más que aceptables, ya que me permitían soñar con todo lo que había ahí fuera esperando ser descubierto.

En la década de 1970, cuando más obsesionado estaba con este tema, la búsqueda científica de vida en el cosmos apenas había empezado. Solo había unos pocos valientes y decididos pioneros que se dedicaban a la Búsqueda de Inteligencia Extraterrestre (SETI, por sus siglas en inglés), y la mayoría de ellos tenían que soportar el desprecio de sus compañeros. Para la comunidad científica era un asunto carente de sentido, marginal en el mejor de los casos. Gran parte de ese rechazo se debía a los prejuicios existentes. En aquella época no había muchos astrónomos que trabajaran o reflexionaran sobre el tema de la vida a nivel cósmico. Y es cierto que, por entonces, no teníamos mucho en lo que basarnos para llevar a cabo una verdadera búsqueda científica de vida entre las estrellas, inteligente o no.

Sobre todo, no sabíamos si, en nuestra galaxia, había más planetas orbitando alrededor de nuestro Sol, además de los ocho conocidos. Era algo más que importante, ya que los científicos dan por hecho que toda forma de vida, incluso la más sencilla, necesita un planeta en el que nacer y evolucionar. El hecho de que no se hubiera descubierto por entonces ningún planeta extrasolar (exoplaneta) significaba, literalmente, que no sabíamos dónde empezar a buscar. Tampoco teníamos del todo claro cómo deben evolucionar juntos los planetas y la vida para que esos mundos sean habitables durante miles de millones de años, tiempo suficiente para que en él surjan animales «superiores» e incluso civilizaciones tecnológicas. En resumen, en lo que se refiere a la búsqueda de vida extraterrestre en el Universo, estábamos prácticamente a oscuras.

Pero ya no.

En la actualidad, la especie humana está más cerca que nunca de poder realizar su mayor y más importante viaje. En las tres últimas décadas, la búsqueda científica de vida en el Universo (un campo llamado *astrobiología),* ha dado pasos de gigante. Hemos descubierto planetas en *casi cualquier lugar* de nuestra galaxia, y sabemos cómo y dónde buscar signos de vida alienígena en las atmósferas de estos nuevos mundos. También hemos obtenido mucha información sobre los casi 4.000 millones de años que han pasado desde que la Tierra alberga vida. Desde esta perspectiva, hemos adquirido nuevos y poderosos conocimientos sobre cómo evolucionan conjuntamente los planetas y la vida. Que seamos capaces de ver cómo la vida se ha abierto camino en la Tierra a lo largo de los eones precedentes nos aporta pistas sobre qué hemos de buscar en planetas lejanos (por ejemplo, el oxígeno, un gas que generalmente solo está presente en una atmósfera si lo han expulsado las formas de vida de ese planeta en cuestión). También hemos enviado emisarios robóticos a todos los planetas de nuestro sistema solar. Gracias a sus ruedas o a sus plataformas de aterrizaje, hemos empezado a buscar en esos mundos vecinos pruebas de la existencia de vida, ya sea en la actualidad o quizá en su pasado más distante. Y algo de suma importancia: hemos construido telescopios de última generación increíblemente potentes, algunos de los cuales hemos lanzado al espacio. Gracias a estas herramientas, por fin tendremos algo más que *teorías personales* sobre la vida en el Universo. Ahora podremos contar con lo que es más importante: un estudio auténticamente científico que nos permitirá averiguar si existe vida extraterrestre, dónde está, cuándo surgió y cómo lo hizo.

Todos estos descubrimientos, desde los exoplanetas hasta la historia antigua de la Tierra, están cambiando lo que entendemos por búsqueda de inteligencia extraterrestre. De hecho, ha surgido un nuevo campo científico: la detección de tecnofirmas*. Ahora se busca vida inteligente en el Universo utilizando tanto la metodología habitual del SETI como otros métodos novedosos gracias a los cuales se pueden rastrear zonas del espacio inaccesibles hasta hace muy poco. La galaxia está plagada de planetas, y es en ellos donde podemos buscar pruebas de la existencia de civilizaciones alienígenas. Y sabemos cómo hacerlo. En lugar de esperar a que alguien coloque una baliza anunciando su presencia (una de las premisas de las primeras versiones del SETI), ahora podemos observar directamente los planetas en los que se podría estar desarrollando esa «civilización». Para buscar rastros de las actividades cotidianas de una sociedad alienígena (tecnofirmas) estamos diseñando nuevas herramientas que nos ayudarán a encontrar vida inteligente capaz de crear una civilización. También nos ayudarán a encontrar formas de vida que no hayan llegado a esa etapa. Si gracias a nuestros telescopios encontramos un planeta cubierto de microbios o bosques alienígenas (una biofirma), es más que posible que cambie la percepción que tenemos del lugar que ocupamos en el cosmos.

Así que, por fin, estamos en camino de encontrar a esos extraterrestres con los que estaba tan obsesionado de niño. O, al menos, estamos en camino de descubrir que estamos solos en

---

* Algunos científicos siguen utilizando el nombre de SETI para referirse a este campo. Pero muchos otros, entre los que me encuentro yo, creen que el término tecnofirmas da una idea más correcta de los cambios producidos en lo referente a la búsqueda de vida «avanzada» en el Universo.

el cosmos. Cualquiera de esas respuestas tendría una enorme repercusión. Sería un momento muy emocionante.

Pero el momento actual también es confuso. Al mismo tiempo que la búsqueda científica de vida extraterrestre cobra fuerza, aumenta también el interés por los aliens que se supone están visitando la Tierra en la actualidad. En los últimos años han aparecido en Internet una serie de vídeos grabados por pilotos de aviones de combate estadounidenses en los que se ven manchas borrosas que parecen volar de formas que serían imposibles para cualquier avión normal. Estos vídeos han logrado atraer la atención sobre los Fenómenos Aéreos No Identificados (FANI), lo que ha promovido nuevos debates respecto al tema de la vida extraterrestre. Pero el furor causado por los FANI está dejando en un segundo plano los grandes pasos que está dando la ciencia en este campo, ya que ahora se están buscando pruebas de la existencia de extraterrestres en los lugares en los que la probabilidad es mayor, es decir, en los exoplanetas.

UAP (Unidentified Aerial Phenomena, FANI en castellano) es el nuevo nombre utilizado por el Gobierno estadounidense para referirse a los ovnis (objetos voladores no identificados), unas siglas y un tema sobre los que se lleva hablando desde hace muchos años y que han pasado a formar parte de la cultura moderna. Los ovnis, como portadores de visitantes extraterrestres, han dado lugar a multitud de obras de ciencia ficción, desde *Expediente X* a *Independence Day* o *Nop*. Casi todos los científicos han descartado la posibilidad de que los ovnis sean reales. Según los astrónomos, la mayoría de casos son tan solo fenómenos naturales que se han identificado erróneamente, tales como objetos relacionados con la defensa nacional o engaños intencionados. Sin embargo, en 2021, el Gobierno de Estados Unidos dio a conocer más de un centenar de avistamientos de ovnis para los que no tenía una explicación obvia. La tormenta mediática que desataron los vídeos en los que aparecía algún FANI fue demoledora, a pesar de que la mayoría de científicos recalcaron que «inexplicable» puede significar que no tenemos suficientes datos o que estos no son lo bastante buenos como para que se pueda elaborar una explicación basada en ellos. Aun así, ese renovado interés gubernamental hizo que me planteara la siguiente cuestión: «¿Tienen esos vídeos algo que ver realmente con los extraterrestres?».

Lo que está claro es que gracias a los extraordinarios avances en astrobiología y tecnofirmas, por un lado, y el tornado mediático generado por los FANI, por otro, se vuelve a hablar de extraterrestres. Ahora, más que nunca, queremos saber si hay alguien ahí fuera. Escribí este libro para ayudar a la gente a entender esa pregunta tal y como lo hacen los científicos, para que sepan que estamos buscando respuestas definitivas y, lo más importante de todo, para explicar lo cerca que estamos de obtener algunas de ellas.

Durante una buena parte de mi carrera como astrofísico he estudiado otras cosas menos extrañas. En la Universidad de Rochester dirigí un grupo de investigación dedicado a la astrofísica computacional. Utilizábamos los ordenadores más potentes del momento para estudiar cómo se forman las estrellas a partir de nubes gigantes de polvo y gas interestelar y cómo mueren desgarrándose y generando poderosos vientos estelares. Fueron proyectos muy interesantes que me brindaron nuevas posibilidades más que satisfactorias, pero nunca me olvidé de aquello que me entusiasmaba desde niño: la vida en el cosmos. Así que, hace una década, puse en marcha un programa de investigación en astrobiología que se centraría en los exoplanetas y en sus atmósferas. Y entonces empecé a reflexionar sobre el cambio climático desde una perspectiva astrobiológica. Pensé que era posible que cada civilización desencadenara su propia versión del calentamiento global.

Sin embargo, mi vida dio un importante giro en 2019, cuando un grupo de compañeros y yo recibimos la primera subvención de la NASA destinada a estudiar las tecnofirmas de los exoplanetas. Es decir, la NASA empezó a darnos dinero para que pensáramos cuál era la mejor forma de detectar la presencia de una civilización alienígena. Habíamos solicitado la subvención porque, durante varias cenas (y cervezas) celebradas en reuniones internacionales, nos entusiasmamos demasiado (seguramente por culpa de las cervezas) con los descubrimientos de los nuevos exoplanetas y con la idea de que eso podría mejorar la búsqueda de vida inteligente. Pero la NASA nunca había financiado un proyecto como el que teníamos en mente. De hecho, debido a que, durante años, el Congreso reprochó a la NASA que la financiación de la investigación del SETI era un despilfarro del dinero de los contribuyentes, la agencia espacial apenas financió proyectos destinados a estudiar la posible presencia de vida inteligente en el cosmos.

Así que no albergábamos muchas esperanzas cuando presentamos nuestra propuesta. Pero para nuestra sorpresa, asombro y alegría (y más cervezas), fue aceptada. Se abría una puerta. Nos habían dado la oportunidad de ayudar a dar forma a la búsqueda más apasionante que la humanidad iba a emprender. Fue todo un hito para este campo científico y una demostración de cómo había cambiado la opinión de los científicos respecto a la búsqueda de vida en el Universo. Desde entonces, diversos equipos de investigadores nos hemos adentrado en nuevos territorios. Nos estamos preparando para realizar una búsqueda verdaderamente sistemática y científica de vida y civilizaciones extraterrestres. Esa búsqueda acaba de empezar.

Desde mi posición ventajosa veo y entiendo por qué los extraterrestres interesan a todo el mundo. Pero si, como a mí, le interesa la ciencia involucrada en su búsqueda, desde el SETI hasta la astrobiología y las tecnofirmas, ¿por dónde debe empezar? Existe toda una maraña de historias, conceptos y terminologías que hay que conocer para entender lo que está a punto de suceder. Por ejemplo, ¿qué expresa la ecuación de Drake y por qué es tan importante? ¿En qué consiste la paradoja de Fermi y qué ha hecho el programa SETI para resolverla? ¿Cuántos exoplanetas existen y cuáles son los más interesantes? ¿Qué es una tecnofirma (o una biofirma) y cómo podemos encontrar alguna? ¿Qué es realmente un ovni/FANI? ¿Nos los hemos de tomar en serio? Y, si lo hacemos, ¿qué preguntas deberíamos formular a los aliens y cómo se las plantearíamos?

Con este libro pretendo que el lector se haga una idea general de lo que está ocurriendo ahora en este campo y de lo que va a ocurrir pronto, y que entienda por qué es tan importante. Mi mayor objetivo al escribirlo era responder de forma concisa y entretenida a todas las preguntas y cuestiones sorprendentes que se arremolinan en torno a la cuestión más determinante: ¿estamos solos?

Así que prepárese, es hora de empezar nuestro viaje. Vamos a cubrir mucho terreno. Sin embargo, cuando hayamos terminado, estará al día respecto a lo que sabemos (por ahora) sobre los alienígenas. Desde ese momento, estará preparado para unirse a este gran viaje de descubrimiento, y sabrá lo que hay que saber cuando alguien anuncie que «los» hemos encontrado. Porque, al final, no solo queremos saber; debemos hacerlo.

1

¿CÓMO HEMOS LLEGADO HASTA AQUÍ?

Nuevas formulaciones de las antiguas preguntas sobre los alienígenas

Fíjese en su mano. Lo sé, es una petición curiosa, pero fíjese en ella durante un momento. Dentro de cada una de las células de su mano y del resto de su cuerpo reside la memoria genética de todos sus antepasados hasta llegar al origen del *Homo sapiens* hace casi 300.000 años. Son más de 15.000 bisabuelos, tatarabuelos, etcétera. Llevamos multitudes en nuestro interior. También puede apostar a que todos esos abuelos y abuelas pasaron una parte de su vida observando el claro cielo nocturno mientras las vigilantes estrellas les devolvían la mirada. ¿Qué significa eso? Que usted no es el único al que le interesa el tema de los extraterrestres; a sus padres les ocurría lo mismo. Y a sus abuelos, bisabuelos, tatarabuelos, etcétera.

De acuerdo, no digo que a *sus* padres o a *sus* antepasados lejanos que vivieron durante el siglo XIV les obsesionara la vida extraterrestre. Sin embargo, puede estar seguro de que alguna persona perteneciente a cada una de esas generaciones pensaba seriamente en ello. Nuestra curiosidad por la existencia de vida en el Universo es tan antigua como nuestra capacidad de razonar. Resulta, pues, que hace mucho tiempo que nos preguntamos si estamos solos.

Los debates sobre la existencia de otros planetas habitados se remontan muy, muy atrás en el tiempo, y es importante entender cómo se planteaban entonces, ya que podían ser bastante acalorados. Y lo que es más importante, el hecho de que esos debates hayan ido cambiando es una demostración del giro que se produjo a mediados del siglo XX y de la gran cantidad de avances que se están produciendo en la actualidad. Después de la Segunda Guerra Mundial, las tecnologías de los cohetes, la radio, el radar y las bombas atómicas transformaron nuestra forma de pensar sobre el espacio y sobre la posibilidad de que existan civilizaciones alienígenas. También propiciaron la aparición de la primera ola de avistamientos de ovnis grabados y publicitados con generosidad, lo que hizo que la idea de los extraterrestres calara hondo en la consciencia popular. En este primer capítulo vamos a analizar esa historia para así poder entender cómo hemos llegado a este loco y asombroso momento en el que una pregunta tan antigua como la humanidad está a punto de ser respondida.

UNA PREGUNTA REALMENTE ANTIGUA

El debate sobre los alienígenas a lo largo de la historia

Podemos rastrear el debate sobre los aliens, al menos en la literatura, hasta los antiguos griegos. Aristóteles, uno de los filósofos más famosos de todos, era lo que llamaremos un *pesimista* en el tema extraterrestre. Puede que usted conozca su historia, pero en caso de que no sea así, haré un breve resumen: vivió alrededor del año 350 a. e. c. y desarrolló ideas sofisticadas sobre muchas materias, desde la naturaleza del arte hasta la naturaleza de la biología*. En lo que respecta a la vida en otros planetas, Aristóteles estaba seguro de que la Tierra era el único planeta habitado. Y eso era así porque, para él, la Tierra era, literalmente, el centro del Universo: el Sol orbitaba alrededor de la Tierra, y lo mismo hacían los otros cinco planetas conocidos por entonces (los mismos que usted puede ver con un telescopio: Mercurio, Venus, Marte, Júpiter y Saturno). Para Aristóteles, la Tierra era tan especial que dividió el cosmos en un mundo sublunar, al que pertenecía todo aquello que se encontraba por debajo de la órbita de la Luna, y un mundo celeste. La vida y todos sus cambios solo se podían desarrollar en el mundo sublunar. El celeste era eterno e inmutable. Es desde esta perspectiva que Aristóteles hizo su famosa afirmación: «No puede haber más mundos que uno». Con esa frase quería decir que no puede existir ningún lugar como la Tierra (con sus seres vivos únicos) en ningún otro lugar del Universo.

Aristóteles tuvo, por supuesto, muchas grandes ideas, una gran parte de las cuales perduraron diecinueve siglos. Incluso la doctrina católica adoptó alguno de sus puntos de vista. Pero eso no significa que todos los demás filósofos griegos del periodo helenístico (hace entre 2.350 y 2.050 años) estuvieran de acuerdo con él. Hubo, por ejemplo, un grupo de pensadores, conocidos colectivamente como atomistas, que creían que la división entre el mundo sublunar y el celeste carecía de sentido. Para

---

* Para saber más sobre la historia antigua de estos debates una buena fuente es el libro de Steven J. Dick, *Plurality of Worlds: The Extraterrestrial Life Debate from Democritus to Kant,* Cambridge University Press, Cambridge, 1984.

atomistas como Epicuro, que vivió alrededor del año 300 a. e. c., todo lo que existía en el Universo estaba compuesto por pequeños fragmentos de materia indestructible llamados átomos (átomos, atomistas, ¡obvio!). A medida que estos átomos se desplazaban por el cosmos, colisionaban entre ellos y se combinaban de todas las formas posibles. Aquí, en nuestra región del cosmos, el resultado de esas colisiones fue la formación de la Tierra y de todos los seres vivos.

Sin embargo, dado que los átomos se hallaban en todas partes y todo estaba compuesto por ellos, Epicuro llegó a la conclusión de que el Universo debía contener muchos más planetas, y muchos de ellos tenían que estar habitados. Ninguna otra opción tenía sentido. Si los átomos estaban presentes en todo el Universo, ¿por qué la Tierra iba a ser especial? Ese punto de vista convirtió a Epicuro en *optimista* en lo que respecta al tema alienígena, y refutó la perspectiva aristotélica cuando escribió que: «Hay infinitos mundos parecidos y diferentes a nuestro mundo. [...] Además, debemos creer que en todos ellos hay animales, plantas y otras cosas que vemos en el nuestro».

Los detalles que caracterizan a estas dos posiciones (la optimista y la pesimista) fueron cambiando con el paso de los siglos, pero resulta bastante sorprendente ver que, en lo esencial, sus escritos mantuvieron el mismo espíritu durante más de dos milenios. Desde entonces han pasado unas 100 generaciones. Por lo que está bastante claro que la gente lleva discutiendo sobre la posible existencia de vida extraterrestre desde hace mucho tiempo.

Tras la caída del Impero romano, alrededor del año 500, la astronomía empezó a progresar sobre todo en los imperios islámicos, especialmente en el persa. Los astrónomos de las grandes sociedades musulmanas mejoraron la astronomía griega, creando nuevos mapas celestes más precisos y añadiendo nuevas ideas sobre un Universo geocéntrico como el concebido por Aristóteles. En el tema de la vida extraterrestre, a la habitual discusión entre optimistas y pesimistas se añadió una perspectiva teológica islámica. Algunos eruditos afirmaban que el Corán aceptaba la posibilidad de que hubiera vida en otros mundos y de que existieran otros seres humanos. Entonces, en el siglo XVI, mientras Europa dejaba atrás la Edad Media y se empezaban a realizar investigaciones científicas, el debate se acaloró todavía más.

En las últimas décadas de ese siglo, apareció en escena un monje dominico bastante radical, Giordano Bruno. Era copernicano, es decir, creía en la visión del sistema solar propuesta por el astrónomo polaco Nicolás Copérnico, según el cual el Sol estaba en el centro del Universo, no la Tierra. Dado que todos los planetas orbitaban alrededor del Sol, la Tierra fue degradada, y tan solo era «un planeta más», ya no era especial. Este modelo *heliocéntrico* (el Sol en el centro) era contrario a la visión *geocéntrica* de Aristóteles (la Tierra en el centro), que también era la adoptada de forma oficial por la Iglesia católica. Copérnico sabía que a la Iglesia no le gustaba que le tocasen las narices con herejías astronómicas, así que su teoría no se publicó hasta que falleció.

Giordano Bruno no pensaba de la misma forma. Era intelectualmente valiente, pero algo ingenuo. Conseguía enojar a casi todo aquel que le apoyaba. A pesar de que le persiguieron de una capital europea a otra, estaba dispuesto a ir más allá de los límites tolerados por la Iglesia católica en cuanto a ideas heréticas. Para Bruno, si se aceptaba que todos los planetas, entre ellos la Tierra, giraban alrededor del Sol, también se podía aceptar que las estrellas no eran más que otros soles. A partir de ahí, llegó a la conclusión de que todas las estrellas tenías sus propias familias de planetas que orbitaban alrededor de ellas, y que algunos de esos mundos debían albergar vida al igual que ocurre en la Tierra. La Iglesia, en cambio, opinaba todo lo contrario. Finalmente, los clérigos atraparon a Bruno y lo llevaron ante la tan temida Inquisición. Por toda una serie de razones oficiales, lo declararon hereje, lo llevaron a una plaza de Roma, lo ataron boca abajo a una estaca y le prendieron fuego. Como ya he dicho antes, el debate sobre los extraterrestres fue muy «acalorado» en el pasado.

Unos 80 años más tarde, las discusiones sobre la vida extraterrestre se habían sosegado bastante. En 1687, Isaac Newton puso en marcha la versión moderna de la astronomía con sus leyes sobre el movimiento y su descripción de la gravedad. Por entonces, el modelo heliocéntrico se había impuesto definitivamente: todas las personas con cierta cultura estaban de acuerdo en que el Sol no salía por el horizonte cada mañana. Era el horizonte el que descendía para mostrar el Sol. En este nuevo entorno intelectual, un francés llamado Bernard de Fontenelle escribió, en 1686, *Conversaciones sobre la pluralidad de los mundos*. En este libro, que tuvo una gran acogida, el autor afirmaba que el Universo estaba repleto de planetas y de vida: «Las estrellas fijas son otros tantos soles, cada uno de los cuales ilumina un mundo». De Fontenelle era, sin duda, un optimista en el tema extraterrestre. Un siglo y medio más tarde, la presentación de la teoría de la evolución de Charles Darwin proporcionó un nuevo marco en el que debatir sobre la vida y los planetas. Dicha teoría armaba con más argumentos a los optimistas en este tema. En la Tierra, la evolución fue capaz de crear vida a partir de roca, agua y energía. ¿Por qué no podía ocurrir lo mismo en otras partes?

Sin embargo, con la entrada del siglo XX, los nuevos descubrimientos en el campo de la astronomía, y no de la biología, daban a entender que la vida podía ser asombrosamente rara. Los astrónomos habían llegado a la conclusión de que los planetas como la Tierra debían de ser muy poco comunes. Según la teoría dominante en 1910 sobre la formación de planetas, para que se formase uno, dos estrellas debían acercarse una a la otra hasta prácticamente colisionar. La atracción gravitacional mutua ejercida por las estrellas mientras se aproximaban arrastraría material de ambas hacia el espacio, y ese material se fusionaría posteriormente para formar un planeta. Pero los cálculos demostraron que las estrellas casi nunca se acercan tanto. Eso significaría que casi nunca se forman planetas. Sin planetas, no hay vida, por lo que, a finales de la década de 1940, la mayoría de científicos pensaban que era imposible que existiera ninguna clase de vida alienígena.

Resumiendo. Llevamos unos 2.500 años haciéndonos la misma pregunta una y otra vez. Durante todo ese tiempo, a lo largo de todas esas generaciones, la pregunta se ha ido modificando ligeramente: ¿es la Tierra el centro del Universo? ¿Existen otros planetas? ¿Ha surgido la vida en algún otro lugar? Sin embargo, en todo este tiempo, lo que no ha cambiado es la falta de evidencias. La cuestión extraterrestre se limitaba a discusiones entre los optimistas y los pesimistas, en ocasiones muy enardecidas.

No obstante, en la trascendental década de 1950, las cosas empezaron a cambiar. Como veremos, fue entonces cuando se dieron los primeros y vacilantes pasos que nos conducirían al establecimiento de una *ciencia sobre la vida extraterrestre*. Así pues, aunque las preguntas sobre los extraterrestres sean muy, muy antiguas, solo estamos capacitados para responderlas desde hace muy, muy poco. Esa es la historia que contaré en este libro.

La paradoja de Fermi

¿Hay un Gran Silencio?

Si nos alejamos lo suficiente de la iluminación artificial, el cielo nocturno es sobrecogedor. En las montañas que están lejos de cualquier ciudad, o en pleno desierto, podremos ver las estrellas en todo su esplendor, incluida la franja luminosa de la Vía Láctea que se extiende de un horizonte a otro. Pero la mayoría de nosotros no hemos podido contemplar nunca ese paisaje porque solemos vivir en ciudades contaminadas por la luz que nosotros mismos hemos fabricado. Es curioso que tantos seres humanos del mundo moderno nos veamos privados de esta ancestral experiencia de asombro por culpa de nuestra necesidad de luz artificial. Todos nuestros antepasados sintieron vértigo al contemplar la inmensa negrura del espacio, una oscuridad dotada de una extraña profundidad. Es como si pudiéramos sentir el vacío del espacio, el cual se extiende hasta… algún lugar. Pero, por encima de todo, nos hermanamos con todos esos seres humanos que cuando han podido contemplar un cielo nocturno cristalino han exclamado: «Dios mío, está lleno de estrellas».

Es precisamente esa sensación visceral que nos invade cuando observamos el cielo nocturno y su aparentemente infinito número de estrellas la que ha impulsado gran parte del longevo debate de nuestra especie sobre la existencia de vida extraterrestre. ¿Cómo es posible que estemos solos en el cosmos cuando puedo ver que existen tantos lugares en los que podría nacer la vida? Pero este argumento no es de gran ayuda si lo que pretendemos es poner en marcha una auténtica ciencia sobre la vida extraterrestre. ¿Cómo podemos saber, por ejemplo, cuántas estrellas hay de cara a averiguar si ha surgido vida en otro planeta? Y en ese caso, ¿cuándo y cómo ha ocurrido? Para hacer ciencia, necesitamos plantear cuestiones específicas con las que elaborar un programa de investigación concreto. Sin estas preguntas, los argumentos se vuelven demasiado dispersos. Es difícil incluso saber si nos estamos acercando a una posible respuesta.

Cuando el siglo pasado se acercaba a su ecuador, la astronomía y la física habían progresado lo suficiente como para ser capaces de afrontar, de forma científica, cuestiones relevantes sobre la vida extraterrestre inteligente (es decir, sobre las civilizaciones tecnológicas extraterrestres)*. Aunque la primera pregunta de este tipo se planteó por accidente, lo que realmente importa es cómo se originó, más que el impacto que tuvo. La primera vez que alguien planteó un problema bien formulado sobre las civilizaciones alienígenas interestelares fue Enrico Fermi con su conocida paradoja. Junto con la ecuación de Drake, ideada diez años más tarde y de la que hablaremos en el siguiente apartado, puso la guinda a la extraordinaria década de 1950.

* Este es un buen momento para decir que debemos ser prudentes con el uso del término «civilización». Nuestra historia está plagada de momentos en los que nos hemos posicionado de formas opuestas en determinados temas, a veces con consecuencias trágicas. «Nosotros» frente a «ellos». A veces, «nosotros» somos los únicos que tenemos civilización, mientras que los «otros» son bárbaros, salvajes o cualquier otra palabra negativa que se utilizase en la época correspondiente. Yo creo que los seres humanos hemos levantado muchas civilizaciones, desde la asombrosa Confederación iroquesa en lo que hoy es el norte del estado de Nueva York, hasta el Imperio romano y la dinastía Tang en China. Sin embargo, lo que nos interesa en este libro son las formas en que una especie tecnológica se organiza para ser visible a través de distancias interestelares. Eso implica la necesidad de obtener mucha energía, y eso es muy posible que requiera un nivel tecnológico que nosotros solo hemos empezado a alcanzar recientemente. Eso es a lo que yo me refiero cuando escribo la palabra «civilización».

Enrico Fermi era el tipo de genio del que siempre hablaba el resto de genios. Podía detectar al instante la clave de problemas científicos que dejaban desconcertados a sus compañeros. Y esto es exactamente lo que ocurrió con la cuestión de las civilizaciones alienígenas. Al final de una mañana de 1950, Fermi y algunos de sus compañeros se dirigían a almorzar en el Laboratorio Nacional de Los Álamos, en aquella época, el principal laboratorio de armamento nuclear de Estados Unidos[1]. La conversación derivó hacia los avistamientos de ovnis, cuya primera oleada moderna había comenzado apenas tres años antes. Aunque los científicos se mostraban muy escépticos ante la posibilidad de que los ovnis tuvieran algo que ver con los aliens, empezaron a preguntarse cuáles eran las posibilidades reales de que existieran civilizaciones extraterrestres, debatiendo incluso sobre los detalles técnicos relacionados con la propulsión interestelar. Algo habitual cuando comen juntos los físicos. Al cabo de un rato, la conversación se desvió hacia otros temas y todos se limitaron a disfrutar del almuerzo. Sin embargo, poco después, Fermi soltó lo siguiente: «Pero ¿dónde está todo el mundo?».

En pleno almuerzo, Fermi se dio cuenta de lo siguiente: si existieran muchas civilizaciones alienígenas tecnológicamente avanzadas, *ya* deberían estar en todas partes, incluso en la Tierra. Es una idea sencilla que provoca que el asombro que sentimos al observar las estrellas sea aún mayor. Si la vida surge fácilmente en otros planetas y evoluciona hasta la aparición de seres capaces de construir una civilización avanzada, se preguntaba Fermi, ¿por qué no habían aterrizado los extraterrestres ya en Times Square y se habían dado a conocer? ¿Por qué no estaban ya paseando por aquí y charlando con nosotros por la calle o, quién sabe, haciéndose con el Gobierno? Fermi sabía que, si la vida extraterrestre fuera común, los aliens ya deberían estar aquí. ¿Cómo lo sabía? La respuesta es sencilla (una vez que alguien como Fermi te la explica).

La lógica de su razonamiento era más o menos esta: nada puede viajar a una velocidad mayor que la de la luz. Es una ley básica de la física. Eso significa que cualquier nave extraterrestre se desplazaría, en el mejor de los casos, a velocidades ligeramente inferiores. La Vía Láctea está formada por miles de millones de estrellas y abarca, de un extremo a otro, unos 100.000 años luz. Si dividimos la distancia (el tamaño de la Vía Láctea) por la velocidad (supongamos que las naves se desplazan a una décima parte de la velocidad de la luz, algo factible si ya se están moviendo por la galaxia), se obtiene la respuesta que se necesita para responder a la pregunta de Fermi. Una civilización tecnológicamente avanzada tardaría cientos de miles de años en atravesar sistemas estelares (puede que estableciendo asentamientos por el camino) y cruzar toda la galaxia. Dada nuestra corta esperanza de vida (aproximadamente un siglo), puede que cientos de miles de años nos parezcan mucho tiempo, pero la galaxia tiene unos 13.600 millones de años de antigüedad. Eso son *muchísimos* años más. Si tenemos en cuenta la edad de la galaxia, cualquier especie alienígena debería ser capaz de llegar a cualquier rincón de la Vía Láctea en un abrir y cerrar de ojos cósmico. Sin embargo, no hemos observado señal alguna de su presencia en la Tierra. Si las exocivilizaciones tecnológicamente avanzadas fueran comunes, ya deberíamos tener pruebas directas de su existencia.

Esa es precisamente la paradoja: no tenemos pruebas de su existencia. ¿Entonces? Se ha reflexionado mucho sobre esta cuestión. El astrónomo Michael H. Hart publicó un famoso artículo en 1975 sobre la paradoja de Fermi en el que argumentaba que la ausencia de extraterrestres en Times Square implica simplemente que no existen. Para él, la paradoja de Fermi significaba que, en toda la galaxia, solo existe una forma de vida inteligente: la nuestra. Asunto aclarado. Según Hart, el hecho de que haya tantas estrellas y no podamos afirmar de manera fehaciente que hemos tenido alguna visita extraterrestre quiere decir que es muy difícil que existan formas de vida extraterrestre inteligentes. Incluso las formas de vida más sencillas serían extremadamente raras.

Otros científicos, en cambio, no están dispuestos a tirar la toalla. De hecho, existe una gran variedad de artículos científicos cuyo fin es explicar la paradoja de Fermi. Por ejemplo, tenemos la conocida como «hipótesis del zoo», según la cual la galaxia podría estar llena de extraterrestres, pero estos dejan a la Tierra en paz a propósito y nos observan desde lejos, como hacemos nosotros con los animales del zoo. Otra posibilidad, defendida en su momento por Carl Sagan, es que la expansión de las especies extraterrestres en el espacio siempre se acaba deteniendo por falta de recursos. Por esa razón no se llega a poblar la totalidad de la galaxia, y por eso no hay asentamientos alienígenas aquí, en la Tierra.

Hace unos años, formé parte de un equipo de investigación que analizó este tema. Para comprender mejor cómo se podrían expandir los extraterrestres por toda la galaxia, creamos un modelo para simular un asentamiento interestelar. Empezamos suponiendo que una única civilización evolucionaba en un planeta aleatorio que orbitaba alrededor de una estrella igualmente aleatoria de la Vía Láctea. El siguiente paso fue que dicha civilización enviaba naves capaces de cruzar distancias interestelares que se desplazaban a una determinada fracción de la velocidad de la luz. Supusimos que, cuando una de esas naves llegaba a una nueva estrella, su tripulación se establecía en uno de los planetas y construía nuevas naves que enviaría a otras estrellas cercanas. De este modo, podíamos «observar» cómo una única civilización iniciaba un proceso de creación de asentamientos que se iba expandiendo por toda la galaxia. Tal como predijo Fermi en aquel día de 1950, nuestras simulaciones demostraron que, en unos cientos de miles de años o, en el peor de los casos, unos pocos cientos de millones de años (un corto espacio de tiempo si lo comparamos con la edad de la Vía Láctea), esa civilización habría colonizado toda la galaxia. Nada, ni siquiera las supernovas (explosión de una estrella), que esterilizan partes de la galaxia, podrían frenar la expansión. Incluso si una supernova creara una «zona muerta» de planetas deshabitados, las naves colonizadoras situadas fuera de ella la ocuparían de nuevo. En nuestro modelo, la ola de expansión nunca se detuvo. Sagan estaba equivocado.

Sin embargo, nuestros modelos ofrecieron una solución a la paradoja de Fermi. La historia de la Tierra nos ha enseñado que las civilizaciones no duran eternamente. Las civilizaciones extraterrestres podrían fracasar y desaparecer por razones que no comprendemos, como la política, las guerras, las enfermedades y las catástrofes naturales como las supernovas. También podrían desaparecer por causas que desconocemos o que *nunca* hemos visto, como superparásitos subatómicos que conviertan las tecnologías digitales en zombis asesinos. (Me lo acabo de inventar. Que alguien me sujete la copa mientras llamo a Hollywood para venderles la idea).

La cuestión es que, si en nuestras simulaciones permitíamos que los asentamientos acabaran muriendo a un ritmo constante, aparecía un nuevo efecto. Aunque en un momento dado hubiera muchos aliens dando vueltas entre las estrellas, el hecho de que los planetas colonizados acabaran sin vida significaba que siempre aparecían agujeros en el mapa de la galaxia habitada. Si se daban las condiciones adecuadas, es decir, que las estrellas estuvieran lo suficientemente lejos unas de otras, esos agujeros no se rellenaban hasta pasado mucho tiempo. De esa forma descubrimos que zonas relativamente grandes del espacio se podían quedar con muy poca población durante millones de años. Si nuestro sistema solar estuviera en una de esas zonas deshabitadas (un lugar que se encontraba vacío durante el ascenso relativamente reciente de nuestra especie), tendría sentido que no hubiéramos recibido visitas extraterrestres. Pero también significaría que podrían estar en camino.

Evidentemente, para quienes creen que los ovnis *son* naves que portan visitantes extraterrestres no hay ninguna paradoja que resolver, pues ya están aquí. Pero, en ese caso, la cuestión sería saber por qué se esconden (casi siempre). Como veremos en los siguientes capítulos, si damos por hecho que los ovnis portan extraterrestres, hay que explicar por qué siempre intentan esconderse y por qué lo hacen tan mal.

Cuando, en pleno almuerzo, Enrico Fermi tuvo esa revelación, no podía saber lo importante que esta llegaría a ser. Su paradoja ha perseguido a los científicos y a cualquiera que, desde entonces, haya intentado reflexionar sobre la posible existencia de civilizaciones extraterrestres. Aunque puede ser frustrante e incluso deprimente, la paradoja está detrás de muchas reflexiones sobre la búsqueda de inteligencia extraterrestre, ya que ha proporcionado a los científicos una pregunta bien formulada sobre la que trabajar. Eso significa que es muy importante que cualquier persona que esté interesada en la astrobiología, las tecnofirmas o los ovnis entienda qué es y qué dice la paradoja de Fermi. Pero es igual de importante saber qué es lo que *no* dice.

La paradoja de Fermi no nos dice que no haya vida extraterrestre en el Universo. Solo cuestiona por qué los extraterrestres no están *aquí,* en la Tierra, ahora mismo. No dice nada sobre nuestra búsqueda de señales de civilizaciones alienígenas en planetas lejanos.

Trataré de explicarme.

Es posible que haya oído hablar a alguien sobre el SETI y el Gran Silencio. Esas personas dicen que hemos rastreado todo el cielo con radiotelescopios durante más de 80 años y que jamás hemos captado un mensaje, una señal o una transmisión de televisión aleatoria emitida por extraterrestres. Pero eso es completamente falso. La realidad es que apenas hemos empezado a buscar. Existe la idea errónea de que, cada noche, astrónomos de todo el mundo sondean las estrellas con sus radiotelescopios en busca de señales alienígenas. La realidad es mucho más sencilla y triste. El programa SETI siempre ha carecido de fondos. Aparte de unos pocos entusiastas solitarios que han buscado en algunos lugares, la verdad es que no se ha trabajado mucho en este tema. La mayor parte de la búsqueda que es necesaria, abrumadora por su inmensidad, aún *está por hacer.*

Para poder buscar como es debido, los observadores del SETI deben analizar toda una serie de parámetros. En primer lugar, hay muchas estrellas en las que fijarse. Después, tienen que decidir en qué frecuencia de radio buscar. Luego está la cuestión de cada cuánto hay que observar esa estrella. ¿Cada día? ¿Cada segundo? La lista es más larga, por lo que es muy difícil hacer un seguimiento para saber quién ha observado qué. En 2018, Jason Wright y sus compañeros de la Universidad de Penn State intentaron hacer precisamente eso. Trabajando sobre una idea de Jill Tarter, analizaron todas y cada una de las búsquedas realizadas por el programa SETI. Querían saber cuál era la proporción real analizada de una forma completa y sistemática. Su conclusión fue bastante sorprendente. Imaginemos que el Universo que los investigadores del SETI deben explorar ocupa lo mismo que todos los océanos de la Tierra. En ese caso, podemos decir que el equipo de Wright descubrió que, hasta el momento, la cantidad de agua analizada es la que cabe en una bañera de hidromasaje. ¿Tendría sentido decir que en el océano no hay peces después de haber analizado solo esa cantidad de agua?

La moraleja de esta historia es que existe una paradoja de Fermi *directa,* pero no una *indirecta*. ¿Por qué los extraterrestres aún no se han asentado en la Tierra? Usted mismo puede proponer su respuesta favorita, ya que esa pregunta es la paradoja de Fermi directa. Existe un amplio abanico de respuestas, desde «los extraterrestres no existen» hasta «son los ovnis, tío». Pero si queremos plantearla de forma indirecta, es decir, preguntarnos si existen pruebas de vida alienígena en planetas lejanos, la respuesta es muy sencilla. No existe tal paradoja de Fermi. Simplemente, todavía no hemos buscado las pruebas. Hasta ahora. Por todas las razones que explicaré en los siguientes capítulos, la búsqueda se está acelerando. Estamos preparados. Podemos hacerlo y vamos a hacerlo.

La ecuación de Drake

Formular las preguntas adecuadas

Los optimistas en el tema extraterrestre observan el cielo nocturno plagado de estrellas y están completamente seguros de que, si la vida surgió en la Tierra, eso mismo puede suceder en cualquier otro lugar. Dado que existen tantas estrellas, ¿por qué deberíamos ser únicos? En cambio, a los pesimistas no les impresiona el cielo nocturno porque están convencidos de que las probabilidades de que *no* surja vida son superiores al número total de estrellas. Después de todo, si compras 1.000 boletos de lotería, pero las probabilidades de que ganes son de uno entre 10.000 millones, lo más probable es que no te toque.

Durante la mayor parte de la historia de la humanidad, los optimistas y los pesimistas se han enfrentado sin tener más armas que afirmaciones basadas en opiniones personales. Pero la ciencia no se basa en opiniones, sino en investigaciones. Para que la cuestión de la vida extraterrestre progresara científicamente, alguien, en algún lugar, tenía que dar a ambas partes algo con lo que trabajar. La paradoja de Fermi proporcionó a los científicos una pregunta, pero no un plan. Alguien tenía que proporcionárselo para que pudieran seguir adelante. Una vez que lo tuvieran, podrían crear un programa de investigación cuyo objetivo fuera buscar pruebas de la existencia de vida extraterrestre.

Esa persona resultó ser Frank Drake, radioastrónomo del Medio Oeste de voz amable cuya valentía solo era igualada a su creatividad. Su punto de vista sobre la ciencia relacionada con la búsqueda de inteligencia extraterrestre quedó plasmado en una sencilla ecuación que formuló hace más de seis décadas. Con ella, cambió radicalmente nuestra forma de pensar sobre la vida en el cosmos y sobre cómo buscarla. La ecuación de Drake, que es como se denomina ahora, sigue siendo la fórmula más importante de la astrobiología.

Se le ocurrió en 1961, poco más de un año después de que él mismo lanzara la primera búsqueda científica de vida extraterrestre utilizando un radiotelescopio en el Observatorio Green Bank, en Virginia Occidental. A sus treinta y pico años, le preocupaba que su interés en la vida extraterrestre no le hubiera proporcionado nada más que burlas por parte de sus compañeros. Aunque con esa búsqueda inicial no obtuvo el tipo de elogios que uno espera de sus colegas, recibió una importante llamada de la Academia Nacional de Ciencias (NAS, por sus siglas en inglés). Al otro lado del teléfono estaba J. Peter Pearman, y su deseo era que Drake dirigiese un seminario sobre, mira por dónde, «comunicaciones interestelares».

Pearman y la NAS querían averiguar si era posible que fuéramos capaces, en un breve periodo de tiempo, de enviar y recibir señales de civilizaciones extraterrestres. Contento por saber que alguien más estaba interesado en la vida alienígena, Drake aceptó la oferta y empezó a organizar la reunión. Pearman y él invitaron a ocho investigadores, entre ellos el prestigioso astrónomo Otto Struve; el bioquímico Melvin Calvin, quien poco después recibiría el premio Nobel; el especialista en el lenguaje de los delfines John Lilly y un joven y ambicioso astrofísico llamado Carl Sagan. A medida que se acercaban las fechas del seminario, Drake empezó a confeccionar un orden del día para guiar el debate, pero incluso una tarea tan aparentemente sencilla como esa acabó siendo compleja. ¿Cómo organizar un debate científico sobre un tema que nunca se había tratado científicamente? Fue precisamente pensando en ese problema cuando a Frank Drake se le ocurrió su famosa ecuación.

Su primer paso fue definir explícitamente la pregunta. ¿Qué era lo que querían averiguar los científicos presentes en la reunión? Con cierta ingenuidad, se podría pensar que la pregunta clave era: ¿existen civilizaciones extraterrestres? Pero esa pregunta no permitía profundizar en el tema y averiguar qué pasos (el plan de investigación fundamental) había que dar para encontrar una respuesta. A los científicos les encanta tener un plan, por lo que Drake propuso otra pregunta diferente. En lugar de preguntar si existen o no los aliens, simplemente preguntó: ¿cuántos hay ahí fuera? Era una modificación pequeña, pero lo cambió todo.

La pregunta científica de Drake era exactamente esta: ¿cuántas civilizaciones tecnológicamente avanzadas existen en la galaxia de la Vía Láctea? Para Drake, *tecnológicamente avanzada* significaba que dicha civilización poseía radiotelescopios que podían utilizar para entablar comunicaciones interestelares. Sí, lo sé, es una forma bastante limitada de definir lo que es una civilización, pero servía para un propósito concreto: descomponía la pregunta en subpreguntas más precisas. Al resolver cada una de ellas, el plan de los científicos se podía determinar mejor. De esa forma, paso a paso, los investigadores se iban acercando cada vez más al ansiado número de civilizaciones tecnológicamente avanzadas, al que llamaremos N.

Discutir cada subproblema por separado también proporcionó a Drake el orden del día que había que seguir en su seminario. Los científicos analizan mejor una cuestión si esta se puede expresar matemáticamente, así que Drake combinó todos esos subproblemas en una única fórmula:

$$N = R^* \cdot f_p \cdot n_e \cdot f_l \cdot f_i \cdot f_c \cdot L$$

Lo que nos dice esta ecuación en palabras es lo siguiente (si lo va a decir en voz alta, coja aire, va a ser una oración larga): el número de civilizaciones alienígenas que podemos detectar en la galaxia (N) es igual al número de estrellas que se forman cada año (R^*), multiplicado por la fracción de esas estrellas que tienen planetas orbitando a su alrededor (f_p), multiplicado por el número de planetas en cuyo entorno podría surgir vida (n_e), multiplicado por la fracción de esos planetas en los que realmente surgió vida (f_l), multiplicado por la fracción de esos planetas en los que ha evolucionado una forma de vida inteligente (f_i), multiplicado por la fracción de todos esos seres inteligentes que son capaces de crear civilizaciones tecnológicas (f_c), multiplicado por la vida media de esas civilizaciones (L).

Ya puede respirar.

La ecuacioncita de Drake, escrita en una pizarra hace más de 60 años, se convirtió en la base de todo análisis, no solo sobre la vida alienígena *inteligente,* sino sobre la vida alienígena de cualquier clase. Ha aparecido en una enorme cantidad de artículos científicos y libros de texto, se ha estampado en camisetas, se ha comentado en películas y programas de televisión y se ha convertido en el tema de debate de innumerables podcasts y vídeos de YouTube.

Entonces, ¿qué es lo más importante de la ecuación? ¿Qué nos dice realmente sobre la existencia de vida alienígena en el cosmos, y por qué ha sobrevivido tanto? La respuesta es la evolución. La ecuación de Drake refleja con toda claridad que la aparición de civilizaciones tecnológicas es un proceso cósmico que parte de lo más sencillo para alcanzar una enorme complejidad. Para verlo, repasemos los siete términos de la ecuación, de izquierda a derecha.

El primer término, R^*, tiene que ver con las estrellas, algunas de las primeras «estructuras» que evolucionaron en el cosmos. Justo después del *big bang,* hace unos 13.800 millones de años, el Universo era bastante sencillo. Solo existían unos pocos tipos diferentes de partículas perfectamente mezcladas en una sopa homogénea de gas primordial. Las estrellas fueron una de las primeras grandes «cosas» que evolucionaron a partir de ese estado inicial. Al empezar con el número de estrellas que se forman cada año, la ecuación de Drake reconoce que estas son el primer peldaño del Universo en la escalera que conduce de la simplicidad a la complejidad de las civilizaciones tecnológicas.

El segundo término de la ecuación tiene como protagonistas a los planetas. En la escalera de la complejidad, los planetas están un peldaño más arriba. Seguramente, para que surja la vida, la química solo puede obrar su magia en sus superficies o en sus océanos. Pero cuando Drake escribió su ecuación, nadie sabía si existían planetas más allá de nuestro sistema solar. Era muy posible que nunca surgieran esos planetas. Por esa razón, el segundo término de la ecuación de Drake expresa la *probabilidad* de que cualquier estrella dada tenga planetas (f_p). Si el valor de f_p fuera cercano a cero, entonces los planetas serían algo extraordinario y un cuello de botella en el proceso de creación de vida.

Sin embargo, cuando se trata de proporcionar las condiciones idóneas para que surja la vida, no todos los planetas son iguales. Mercurio está tan cerca del Sol que su superficie está siendo bombardeada continuamente por la radiación solar. La temperatura de su superficie alcanza los 370 °C. Es *muy* difícil imaginar cómo podría surgir la vida en un horno como ese. En cambio, en los planetas congelados situados en la parte más exterior del sistema solar sucede todo lo contrario. Las temperaturas allí son tan bajas que las bioquímicas implicadas en la aparición de la vida carecerían de la energía necesaria para construir algo parecido a una célula (es decir, algo complejo). Esa es la razón por la que el tercer término de la ecuación de Drake es n_e, la proporción de planetas apropiados para la vida por cada sistema solar. Es decir, planetas situados en la zona en la que la temperatura superficial no es ni demasiado caliente ni demasiado fría. Es la conocida como *zona habitable*.

Con los siguientes tres términos es cuando la cosa se pone realmente interesante. La vida no se parece a ningún sistema físico del Universo. Gracias a los procesos de la evolución darwiniana, la vida es creativa. Por esa razón aparecen nuevas formas, algo que ni las estrellas ni los cometas ni los agujeros negros podrán hacer. ¿De dónde demonios salieron los canguros? Son como extraños conejos gigantes que pueden darte un buen tortazo. Es un proceso ajeno a cometas y agujeros negros. Pero, gracias a la evolución, a partir de criaturas unicelulares aparecidas hace miles de millones de años, surgieron en la Tierra multitud de especies. Entre ellas los canguros.

Sin embargo, lo primero que debe «inventar» la vida es a sí misma. Por esa razón, la formación de vida es una especie de *big bang,* gracias al cual el Universo crea complejidad.

El cuarto término de la ecuación de Drake tiene que ver con el proceso llamado *abiogénesis*. Es un nombre bastante sofisticado que significa que la vida debe formarse de algún modo a partir de materia inerte (es decir, de sustancias químicas). Una vez más, Drake lo expresa en términos de probabilidades, ya que f_l es la probabilidad de que surja la vida en un planeta de la zona habitable elegido al azar.

Después de la abiogénesis, Drake se centra en la evolución de la inteligencia, un proceso que en la Tierra ha sido muy lento. La vida apareció en la Tierra hace al menos 3.500 millones de años. Los primeros animales no surgieron hasta casi 3.000 millones de años más tarde (hace unos 500 millones de años) y el primer asomo de inteligencia animal no surgió hasta que el tamaño del cerebro aumentó y pasó a ser similar al que tenían los dinosaurios hace unos 100 millones de años. Si optamos por la versión más conservadora, podríamos decir que, para que surgiera y empezara a evolucionar la inteligencia, hubo que esperar a que aparecieran los mamíferos de mayor tamaño. Drake expresa la cuestión de la inteligencia con el parámetro f_i, que representa la probabilidad de que, una vez que surge la vida, esta siga evolucionando hasta dar lugar a seres como los simios, los delfines o los dinosaurios inteligentes. ¿Por qué es tan importante? Bueno, se necesita que en ese planeta viva alguna especie inteligente para que se pueda dar el siguiente paso, conseguir algún logro tecnológico del estilo de un radiotelescopio.

Para construir radiotelescopios, la especie inteligente en cuestión debe desarrollar formas de cooperación a gran escala. Debe ser capaz de desarrollar los mecanismos necesarios para crear y almacenar conocimientos sobre su mundo. Luego debe utilizar ese conocimiento para extraer y refinar recursos a gran escala. En resumen, estas formas de vida inteligente deben desarrollar lo que definimos como civilización. Está claro que Roma, la China de la dinastía Tang y los aztecas fueron civilizaciones muy complejas, pero no eran del tipo requerido por Drake. Se centró en los radiotelescopios porque, en el tema de la vida extraterrestre, solo nos interesan las civilizaciones que hayan alcanzado, *por lo menos,* un nivel de desarrollo similar al nuestro (recuerde que Drake estaba pensando en la comunicación interestelar). En su fórmula, Drake expresa este paso evolutivo con f_c, que corresponde a la probabilidad de que, una vez que ha surgido una especie inteligente, esta cree una civilización tecnológicamente compleja capaz de construir dispositivos con los que enviar mensajes a través de las increíbles distancias que separan unas estrellas de otras.

El último término de la ecuación de Drake se centra en algo que supera el conocimiento que de momento atesoramos. Puede que no sepamos con qué frecuencia surge en los planetas una forma de vida que evoluciona hasta convertirse en una especie tecnológica, aunque sí sabemos que eso ha ocurrido al menos una vez. Pero ¿cuánto dura, por término medio, una civilización tecnológica como la nuestra? Solo hace un par de siglos que jugamos en la liga de las civilizaciones industriales, y solo un siglo que disponemos de radiotecnología. Entonces, ¿nos quedan miles, o incluso millones, de años por delante? ¿O desapareceremos dentro de un siglo? Quizá otras especies nunca serían tan idiotas como para inventar armas nucleares. Probablemente, otras especies no serían tan estúpidas como para no darse cuenta de que han desencadenado un cambio climático en el planeta y de que son las responsables de la desaparición de la mayor parte de la flora y la fauna. Por otro lado, puede que la mayoría de las especies sean más idiotas que nosotros. Tal vez sean tan mezquinas, agresivas y egoístas que en menos de un siglo se hayan eliminado a sí mismas del tablero galáctico. Estas son las preguntas que esconde el factor final de la ecuación de Drake, la duración media de una civilización. Por lo tanto, L es la vida promedio de las civilizaciones que pueda haber en la galaxia.

Al plantear la cuestión de la forma en que lo hizo Drake, se inició el camino para hallar el valor de N, el número de civilizaciones con las que los humanos podrían comunicarse. Hay que recalcar algo importante. Cuando Drake escribió su fórmula (hace más de 60 años) solo se conocía el valor de uno de los términos: el número de estrellas que nacían cada año. Ahora sabemos con certeza que f_p es igual a uno, es decir, que casi todas las estrellas que vemos en el cielo tienen planetas orbitando a su alrededor. También sabemos que n_e es aproximadamente 0,2. Una de cada cinco estrellas alberga un planeta que se encuentra en la zona habitable, es decir, en la zona en la que puede surgir la vida. El hecho de que ya conozcamos los valores de f_p y n_e es bastante sorprendente. Demuestra que, solo en las últimas décadas, hemos avanzado enormemente en una cuestión que nos planteamos hace más de 2.500 años.

¿Cómo funciona la ecuación de Drake? Para empezar, primero obtenemos los valores de cada término realizando mediciones, construyendo una teoría o simplemente haciendo conjeturas. Luego multiplicamos todos esos factores para obtener el valor de N, el número total de civilizaciones avanzadas presentes en la Vía Láctea. Escojamos algunos números y veamos qué ocurre.

Ya conocemos los valores de R^*, f_p y n_e, por lo que seamos optimistas respecto a los demás factores y supongamos que la probabilidad de cada uno de ellos es 1,0 (es decir, en cada planeta de la zona habitable surge la vida, y esta evoluciona hasta dar lugar a una especie inteligente capaz de crear una civilización). Seamos también optimistas respecto a la vida media de dicha civilización y adjudiquemos a L un valor de 1.000 millones de años. Si lo multiplicamos todo, vemos que N es igual a 200 millones de civilizaciones en nuestra galaxia. Son muchísimas. En la Vía Láctea hay unos 400.000 millones de estrellas, por lo que tendremos que observar unas 2.000 estrellas al azar antes de encontrar una que tenga un planeta habitado por una civilización. Esos valores están dentro de las posibilidades actuales de nuestra tecnología.

Por otro lado, si optamos por un cálculo pesimista, podemos adjudicar a cada valor una probabilidad de, por ejemplo, uno entre 1.000. También podemos suponer que la vida media de una civilización tecnológica es de tan solo 500 años. Dado que tenemos radio desde hace 100 años, solo nos quedan unos 400 hasta que nos llegue nuestro armagedón, así que aproveche el tiempo. Si introducimos todas esas cifras en la ecuación de Drake, obtenemos un valor de N = 0,3. Es decir, ni siquiera una civilización en toda la Vía Láctea, por lo que podemos decir que es una galaxia estéril. Pero nosotros existimos, así que sabemos que esta estimación pesimista es, como mínimo, algo errónea.

¿Cuál de los dos cálculos es el más correcto? No podemos saberlo de momento, pero la ecuación de Drake permite, tanto a los optimistas como a los pesimistas, ver exactamente en qué aspecto concreto están siendo optimistas o pesimistas. Les permite entender las cuestiones científicas concretas asociadas a este tema: el número de planetas que hay en la zona habitable, la abiogénesis, la duración de las civilizaciones, etcétera, en las que se apoyan tanto las opiniones pesimistas como las optimistas. Además, gracias a Frank Drake disponemos de un método con el que saber cuán ignorantes somos en este asunto y trazar un plan para dejar de serlo. Su trabajo ha servido de motivación para tres generaciones de astrobiólogos, gracias a los cuales ahora poseemos, por fin, la tecnología necesaria para averiguar, de una vez por todas, cuál es el valor de su ecuación.

La llegada de los ovnis

Kenneth Arnold ve platillos volantes. El incidente de Roswell. Los informes gubernamentales

La repentina ocurrencia de Fermi respecto a los viajes interestelares y la ecuación de Drake, que proporcionó una base sobre la que crear un programa de investigación, son un ejemplo del surgimiento, durante los primeros años de la Guerra Fría, de una ciencia cuyo objetivo era averiguar si existían vida y civilizaciones más allá de la Tierra. Sin embargo, durante ese periodo, también surgió otro modo de afrontar la cuestión extraterrestre, uno que también influiría profundamente en nuestra forma de pensar sobre la existencia de vida en el Universo. Pocos años antes del famoso almuerzo de Enrico Fermi con sus amigos, los ovnis pasaron a formar parte de la imaginación popular.

El 24 de junio de 1947[2] era un buen día para volar sobre el noroeste del Pacífico. En Mineral, Washington, el cielo estaba libre de nubes. Era pleno día cuando el piloto aficionado Kenneth Arnold sobrevoló la imponente cima del monte Rainier con su avioneta monomotor para participar en una exhibición aérea que se iba a celebrar en Oregón. Había oído que un avión de transporte del Cuerpo de Marines había desparecido y que se ofrecía una recompensa a quien encontrara sus restos. Arnold decidió dar unas vueltas y echar un vistazo por la zona. No tenía ni idea de que, con ese vuelo, iba a formar parte de la historia de los ovnis.

Mientras observaba el terreno sobre el que volaba, vio un destello de luz azulada. ¿Era la luz del sol reflejándose en otro avión? Se percató de que, a lo lejos, volaba un DC-4, pero no portaba luces parpadeantes. Y entonces reaparecieron los destellos. Esta vez pudo ver de dónde procedían: nueve objetos que volaban en formación diagonal y que se movían al unísono como la «cola de una cometa china». Al ver cómo se inclinaban y giraban, Arnold pensó que se trataba de algún avión militar avanzado. Utilizando los montes Rainier y Adams como referencia, fue capaz de calcular *grosso modo* la velocidad a la que se desplazaba la extraña aeronave. Según su limitado cálculo, se movían a más de 2.400 kilómetros por hora, casi el doble de la velocidad del sonido. Dado que eso ocurría en 1947, unos pocos meses antes de que Chuck Yeager rompiera la barrera del sonido con un avión experimental, la velocidad que calculó parecía inalcanzable. Arnold siguió a la formación durante un rato antes de que desapareciera definitivamente de su vista. El incidente no duró mucho, pero le dejó con una «sensación de inquietud». Después de aterrizar para repostar, contó lo que había visto a unos amigos en el aeródromo. Lo que ocurrió a continuación influiría para siempre en la historia de los ovnis, e iba a condicionar nuestra forma de pensar sobre ellos y su conexión con los extraterrestres del espacio exterior.

El relato de Arnold se propagó a toda velocidad. Los periodistas del *East Oregonian* le pidieron que acudiera a la sede del periódico y les diera más detalles de lo sucedido. Les pareció que Arnold era un testigo creíble y un observador muy cuidadoso. Expuso la cronología de los hechos y describió tanto la nave como los movimientos que efectuó. Lo que sucedió después sigue siendo controvertido, pero cuando Arnold explicó que parecía que los objetos se movían como «un platillo cuando lo lanzas horizontalmente sobre la superficie del agua y rebota» desencadenó una serie de acontecimientos que dieron lugar a la que puede ser calificada como la mayor cita errónea de la historia del periodismo.

En el artículo publicado en el *East Oregonian,* un modesto periódico de la zona, aparecían frases como «aeronave similar a un platillo». Entonces, uno de los periodistas presentó otra historia que fue recogida por Associated Press y, sin saber cómo, la descripción se distorsionó. El relato de Arnold hablaba de una nave voladora con forma de media luna y «alas» que se inclinaban hacia atrás formando un arco. Eso no es lo que otros periódicos extrajeron del cable de Associated Press, que malinterpretaba la descripción de Arnold. Después de eso, el *Chicago Sun,* un periódico en absoluto modesto, publicó la noticia en portada con un espectacular titular: «Platillos volantes supersónicos avistados por un piloto de Idaho»[3].

El artículo del *Sun* provocó una avalancha. En seis meses, la historia del platillo volante se publicó en más de 140 periódicos de todo Estados Unidos. Y lo que resulta más sorprendente surgió una auténtica epidemia de avistamientos de platillos volantes por todo el país. Durante los meses posteriores a la publicación de la historia, se avistaron más de 830 ovnis en Estados Unidos y Canadá. Curiosamente, los supuestos testigos dijeron que las naves tenían forma de platillos. Al final del verano de 1947, los «platillos volantes» ya formaban parte del imaginario colectivo.

Pero ¿qué vio realmente Kenneth Arnold ese día? No tengo ni idea, yo no estaba allí. Pero ¿sabe qué? Allí no había nadie más que una persona llamada Kenneth Arnold. Ni yo, ni usted ni nadie más. Esa es la primera lección fundamental que hay que aprender de su relato. La historia de Arnold fue el primer relato público sobre ovnis. Provocó un debate entre creyentes y detractores que sería el elemento esencial de este tema. Los creyentes señalaron el hecho de que Arnold era un respetable hombre de negocios que a la mayoría de personas (incluidos los funcionarios estadounidenses que le entrevistaron más tarde) les parecía un tipo serio y sensato. Eso parece ser cierto. En aquel momento nadie pensó que aquel hombre estuviera tratando de engañarles, y su intento de calcular la velocidad de la nave a partir de la distancia conocida entre las dos montañas demostró que era un piloto experto y un observador reflexivo.

Sin embargo, los escépticos recordaron que al menos uno de los funcionarios había dicho que parecía estar en un estado de excitación (aunque, ¿cómo no iba a estarlo si realmente vio lo que dijo que vio?). Además, presentaron diversas explicaciones alternativas, no alienígenas, a lo que pudo ver Arnold. Por ejemplo, un espejismo provocado por una inversión térmica de la atmósfera, gansos volando alto o incluso un meteoro que se estaba fracturando. Los creyentes respondieron con contraargumentos propios que, según ellos, echaban por tierra esas supuestas explicaciones. Dirían que nunca se habían visto meteoros moviéndose de la forma que describió Arnold. Y los gansos no son conocidos por volar a velocidades hipersónicas. Estas discusiones continuaron hasta que…, bueno, hasta que todos dejaron ya de escuchar al otro y siguieron con sus vidas.

No hay mucho que la ciencia pueda hacer con un único testimonio personal, aunque el testigo parezca creíble. De hecho, como le dirá cualquier policía o psicólogo, el testimonio personal es la prueba más endeble. Se ha demostrado, una y otra vez, que es muy fácil que no sea del todo cierto. De hecho, la memoria puede exagerar detalles que resultan ser falsos o, debido al estado de excitación en el que se encuentran, los testigos pueden pasar por alto cosas que habrían sido esenciales para que su explicación se ciñera más a la verdad. Lo mejor que se le puede decir a alguien como Arnold es «de acuerdo, creo que hablas en serio y que lo que describes es lo que crees que viste». Si eso le parece ser demasiado permisivo, le diré que es mucho mejor que decirle: «Eres un perro mentiroso que cree que me puede tomar el pelo».

Así pues, ¿qué *vio* Arnold? ¿Eran naves espaciales que viajaban a velocidades que no tenían precedente alguno? ¿Eran aviones militares avanzados que, todavía hoy, más de 75 años después, seguimos sin saber cuáles eran? ¿Se trataba de algún fenómeno natural? No hay forma de saberlo ni de ponernos de acuerdo respecto a lo que sí sabemos.

La segunda lección importante que hemos de aprender de Arnold es a darnos cuenta del inmenso poder que tiene una historia. Arnold vio un platillo volante. Vio el primer platillo volante. Y luego, casi inmediatamente después de que los periódicos llegaran a los quioscos, mucha gente empezó a verlos. Pero resulta que Arnold no vio un «platillo volante». Vio una nave delgada en forma de C cuyo borde trasero se parecía a esas estrellas ninja en forma de murciélago que Batman va lanzando por ahí…, más o menos. Los periódicos citaron mal a Arnold, y por eso la gente veía *platillos* volantes cuando detectaba algo en el cielo que no sabía qué era. Eso provocó una oleada de avistamientos de platillos *después* de que se conociera su historia. Un creyente podría argumentar que eso ocurrió porque, hasta ese momento, nadie se había tomado los avistamientos anteriores lo suficientemente en serio como para publicarlos. Pero para los escépticos, la avalancha de avistamientos de *platillos* que se produjo tras la publicación del testimonio de Arnold, cuando la verdad es que no vio ninguno, hace que dudemos de todos esos nuevos relatos, especialmente porque aparecieron en masa. Eso no significa que esas historias individuales sean falsas; solo significa que hay más paja que grano.

El avistamiento de Arnold introdujo un componente crítico en nuestra forma de pensar sobre los alienígenas. Fue la primera historia real sobre ovnis (en este caso, un platillo volante), y la idea de que podía haber vida interestelar tecnológicamente avanzada aquí y ahora empezó a filtrarse en la consciencia colectiva. Independientemente de lo que usted crea, el hecho de que los ovnis portadores de extraterrestres pasaran a formar parte tan rápidamente de la cultural global ha tenido un profundo (y en su mayoría negativo) efecto en la búsqueda científica de vida más allá de la Tierra. Como veremos, la forma en la que los ovnis aparecieron en nuestra cultura y la manera en que abordamos el tema, tanto dentro como fuera del Gobierno, no ayudaron en nada a entender qué eran realmente dichos objetos. Básicamente, Arnold puso en marcha, de forma involuntaria, un espectáculo lamentable, y el ejemplo más desastroso de todos es el de Roswell, Nuevo México. Una de las razones que justificó que los científicos serios se mantuvieran alejados del tema ovni y de la cultura que los rodea fue la locura ocurrida en Roswell, donde se juntaron creyentes auténticos, charlatanes y estafadores.

Estos son los hechos básicos de este caso*. El 14 de junio de 1947, mientras cruzaban en coche el rancho en el que trabajaban, W. W. «Mac» Brazel y su hijo encontraron un montón de escombros compuesto por tiras de goma, papel de aluminio y palos[4]. Brazel no tenía en casa ni teléfono ni radio, por lo que desconocía la historia de Arnold y su platillo volante, sucedida la semana anterior. Pero después de hablar con gente del pueblo, estableció una conexión entre el revuelo provocado por el platillo y los escombros que vio. Habló con el *sheriff* local, quien, a su vez, le sugirió que se pusiera en contacto con el aeródromo militar de Roswell (en la actualidad, Centro Aéreo Internacional de Roswell). El Ejército asignó al comandante Jesse Marcel la investigación del caso. Brazel, el *sheriff* y el comandante Marcel volvieron al rancho y recogieron los restos. Más tarde, Marcel hizo una declaración a la prensa local que se publicó con un titular bastante sorprendente: «Las Fuerzas Aéreas capturan un platillo volante en un rancho de Roswell». Pocos días después de eso, el alboroto generado se aplacó un poco gracias a una declaración oficial del Departamento de Guerra de Washington. Aseguraron que el material encontrado en el rancho de Brazel pertenecía a un globo meteorológico. El periódico local publicó un

* Me estoy esforzando en limitarme a exponer aquí los «hechos básicos» de este suceso, pero después de leer varios libros sobre el tema en el que aparecen diversas versiones de la historia y otros protagonistas, parece ilusorio unir las palabras «hechos» y «básicos». Y eso, amigos míos, es la esencia del problema de todo lo relacionado con Roswell.

nuevo titular: «El Ejército desautoriza el disco volador de Roswell que tanto entusiasmo generó». Hicieron algunas fotos de Marcel y los restos. Definitivamente, parecían un montón de palos y goma, no una nave espacial alienígena[5].

Y eso fue todo. Allí mismo se acabó la historia, desvaneciéndose con el paso de los días en la oscuridad del olvido. Después de aquello, nadie pensó mucho en Roswell, excepto, por supuesto, los roswellianos.

Treinta años después, se volvió a montar un circo.

A finales de la década de 1970, Roswell volvió a ser el centro de atención gracias a que un investigador especializado en ovnis llamado Stanton Friedman entrevistó varias veces a Jesse Marcel. De ellas dedujo que lo que Brazel *descubrió* en el rancho eran piezas de un platillo volante. El siguiente paso fue la emisión de un episodio de la serie de televisión titulada *En busca de...* dedicado a Roswell, los extraterrestres y el supuesto encubrimiento gubernamental. Como un cáncer, la historia de Roswell no dejaba de crecer y evolucionar por sí sola, y cambiaba a medida que se añadían más testigos y se aportaban nuevos detalles.

En 1980, Charles Berlitz y William L. Moore echaron más leña al fuego al publicar el libro titulado *El incidente Roswell.* Estos autores ya habían cosechado éxitos de menor calado con libros sobre el Triángulo de las Bermudas y el Experimento Filadelfia. Este último trataba, ya saben, de aquella época de la Segunda Guerra Mundial en la que un destructor de la Marina estadounidense quedó atrapado en una curvatura del espacio-tiempo.

La historia de Roswell encajaba a la perfección en su literatura. Según su libro, lo que realmente sucedió en 1947 fue que un platillo que volaba cerca de una zona en la que el Ejército de

Estados Unidos probaba armas nucleares fue alcanzado por un rayo. Esta nave, que hasta ese momento había logrado cruzar el espacio interestelar ilesa, quedó gravemente dañada por el impacto y se estrelló en el rancho de Brazel. Todos los aliens murieron. Fue en este libro donde se mencionó por primera vez la presencia de cuerpos alienígenas en el lugar del accidente, un detalle que desempeñará un papel fundamental más tarde. Y lo que es más importante, los autores afirmaron haber entrevistado a decenas de testigos.

El incidente Roswell tan solo fue el primero de toda una serie de libros que intentaban desentrañar lo ocurrido. Cada libro añadía más supuestos testigos y más detalles, incluida la historia del dueño de una funeraria, Glenn Dennis, que tuvo la oportunidad de ver los cuerpos sin vida de los alienígenas. Bueno, tal vez, o tal vez no… En algunos de los libros se decía que hubo más platillos y más extraterrestres, tanto vivos como muertos. Se dijo que dos de estos extraterrestres fueron puestos bajo custodia gubernamental. Algunos decían que incluso el presidente Eisenhower pudo ver los cuerpos.

Todo el relato es muy enrevesado y, lo que es más importante, *muy falso,* algo que han demostrado en múltiples ocasiones diversos autores. El verdadero problema es que, a pesar de todas las contradicciones, absurdos o bulos que aparecen en estos relatos, la fe de los que creen sigue firme. Para los especialistas que estudian estas cosas, Roswell es un claro ejemplo de cómo nace un mito. Es una historia cuya falsedad no puede demostrarse. Para los que se lo creen seguiría siendo real aunque se pudiera demostrar que no es así.

He mencionado la historia de Roswell porque tuvo un gran efecto en la idea que tenía la comunidad científica sobre los ovnis. Para que algo sea considerado una prueba, los científicos ponemos el listón muy alto. El circo que se montó con lo ocurrido en Roswell causó estupor a cualquiera que no formara parte de la comunidad de creyentes del tema ovni. También sigue proyectando una larga nube negra sobre los debates actuales sobre los FANI. Los científicos serios que quieren abordar el tema, sin ideas preconcebidas sobre qué son realmente esos fenómenos, deben pensárselo mucho antes de entrar en este mundo. ¿Por qué arriesgar su reputación metiéndose en este absurdo berenjenal?

Por otro lado, es cierto que una parte de la historia fue una conspiración. El Gobierno encubrió lo sucedido allí. La historia del globo meteorológico era mentira. Lo que se estrelló en el rancho de Brazel fue un artefacto del proyecto Mogul, un programa experimental que utilizaba globos a gran altitud para espiar las pruebas nucleares llevadas a cabo por los rusos. Lo sabemos porque, en 1997, el Gobierno hizo público un informe completo y detallado titulado *The Roswell Report: Case Closed,* en el que explicaba detalles del proyecto y el encubrimiento realizado en Roswell.

Mira por dónde, resulta que la vida real tiene sentido del humor.

La oleada de avistamientos de platillos volantes que se produjo en 1947 tras la publicación de la historia de Arnold no pasó inadvertida para el Gobierno estadounidense. Durante las dos décadas siguientes, la gente corriente y los Gobiernos nacionales entraron en un ciclo que se repetía una y otra vez: interés ferviente, informes importantes y, finalmente, expectativas que se desvanecen. Está claro que este ciclo ha vuelto a empezar con la publicación de los ya famosos encuentros de pilotos de la Marina estadounidense con los FANI. El posterior informe gubernamental de 2021 sobre avistamientos de diversos artefactos voladores no identificados reavivó el tema en lugar de apaciguarlo. Tanto es así que, en 2022, la NASA reunió su propio comité de expertos en ovnis/FANI. Para entender todos estos hechos hemos de hacerlo desde la perspectiva adecuada, y para ello debemos analizar la larga historia de informes del Gobierno estadounidense sobre los ovnis. Pero prepárese, que vienen curvas.

Apenas un año después de que, en 1947, se pusieran por primera vez de moda los ovnis, la Administración estadounidense puso en marcha el proyecto Saucer (Platillo) para estudiar el tema. Cuando se dieron cuenta de que el nombre no era nada apropiado, ya que lo que se pretendía era investigar el asunto a fondo para aliviar los temores de la gente, lo rebautizaron como proyecto Sign (Señal). Oficialmente, el objetivo era determinar la naturaleza de los ovnis, es decir, averiguar si eran reales y, en ese caso, si suponían una amenaza para la seguridad nacional. Como verá, el asunto de la seguridad nacional estará muy presente de aquí en adelante. Dará sentido a una gran parte de lo que voy a explicar (si es que algo así puede tener sentido).

Es posible que, dependiendo de su inclinación política, no le resulte sorprendente que los avistamientos *y* el interés gubernamental surgieran justo cuando la Guerra Fría se estaba recrudeciendo. Estados Unidos estaba inmerso en un conflicto mortal con Rusia en el que el ganador se lo quedaba todo; una contienda en la que las armas secretas de alta tecnología y la guerra psicológica estaban a la orden del día. Todo ello rozaba la paranoia. Cada vez que aumentaba el número de avistamientos de ovnis, y con ello el interés de los medios de comunicación, al Gobierno le preocupaban dos cuestiones. Primero, ¿representaban los ovnis una amenaza? ¿Poseían una tecnología que alguien, terrestre o alienígena, pudiera usar contra la nación? La segunda cuestión iba en una dirección bastante diferente: ¿era el interés por los ovnis una amenaza *en sí mismo?* ¿Acaso la ansiedad que provocaba este tema en la mayoría de personas podría ser utilizada en contra del país? La respuesta oficial a estas dos preocupaciones explica cómo y por qué la cultura ovni moderna sigue envuelta hoy en día de una perenne y cambiante niebla, llena de conspiraciones.

Dentro del proyecto Sign se produjo una división entre los que pensaban que los ovnis no eran reales y aquellos que creían en lo que pasó a conocerse como la hipótesis extraterrestre o, como la bautizó la autora Sarah Scoles, la dicotomía «es una estupidez *frente a* son extraterrestres»*. Esa discrepancia tuvo consecuencias de gran alcance. Como parte del proyecto, se redactó (supuestamente) un documento con el grandilocuente título de «The Estimate of the Situation» («Evaluación de la situación»). Según el último administrador del proyecto Sign, el general Edward Ruppelt, la conclusión de ese grueso informe ultrasecreto fue que los ovnis tienen un origen interplanetario[6].

¡Vaya! ¿Se redactó un informe gubernamental a principios de la década de 1950 en el que se reconocía que estábamos siendo visitados por alienígenas interplanetarios? Bueno, puede ser, o puede que no. Ruppelt reveló la existencia de dicho informe en un libro escrito ocho años después, pero, a día de hoy, no existe ninguna copia de «The Estimate of the Situation» en el registro público. También vale la pena señalar que Ruppelt fue el primero de una larga lista de antiguos funcionarios guberna-

---

* Recomiendo el libro de Sarah Scoles, *They Are Already Here: UFO Culture and Why We See Saucers,* Simon & Schuster, Nueva York, 2020. Ofrece una vision general de la historia de los ovnis y de los acontecimientos actuales.

mentales y militares partidarios de la existencia de los extraterrestres que escribieron libros en los que se suponía que lo contaban todo.

Finalmente, el proyecto Sign pasó a llamarse proyecto Grudge (Rencor). Lo sé, fue una extraña elección. La conclusión de su informe fue que la mayoría de avistamientos podían explicarse, aunque aproximadamente el 23 % se resistían a una descripción sencilla. Según ese informe, «existe el suficiente fundamento psicológico [...] para proporcionar explicaciones plausibles de los avistamientos que no se pueden aclarar de ningún otro modo»[7]. Es decir, las conclusiones del primer informe gubernamental sobre los ovnis eran las siguientes: (a) no eran reales y (b) no constituían una amenaza para la seguridad nacional. Sin embargo, lo que sí era una amenaza para la seguridad nacional era la histeria potencial que provocaban los avistamientos de ovnis. ¿Es factible, parecía concluir el informe, que la Unión Soviética pueda utilizar como arma el miedo y la fascinación que siente la gente por los ovnis como una forma de control mental (un tema en boga en aquellos días)?

Esa preocupación del Gobierno estadounidense, no por los ovnis, sino por la *cultura* ovni, pasó al plano político con el infame comité Robertson de la CIA[8]. La reunión secreta, que duró cuatro días, fue convocada por la agencia de espionaje en 1953. Se centró en las diversas formas en que los ovnis (reales o ficticios) podrían ser utilizados por Rusia para sembrar el caos o incluso para enmascarar un ataque contra Estados Unidos. El informe secreto del comité secreto (desclasificado en 1975) señalaba que los grupos de ciudadanos que se reunían para investigar el tema ovni por su cuenta debían ser vigilados para asegurarse de que no estaban siendo utilizados con fines subversivos. Otra de las conclusiones del informe fue que el Gobierno debía desacreditar públicamente *todos* los informes sobre ovnis y asegurar a la población que el furor que provocaba este tema carecía de sentido, pues era por algo irreal. Da la impresión también de que el informe parece desacreditar la información oficial sobre avistamientos de ovnis, ya que afirma que «en estos tiempos peligrosos, pueden suponer una amenaza para el funcionamiento correcto de los órganos protectores del cuerpo político»[9]. Es evidente, pues, que en aquellos días la Administración de Estados Unidos no era muy transparente en este tema.

A finales de la década de 1950 y principios de la de 1960, nuevas oleadas de avistamientos inundaron la cultura y la política. Washington reaccionó poniendo en marcha el llamado proyecto Blue Book (Libro Azul). Mientras estuvo activo, desde la década de 1950 hasta 1969 se investigaron más de 12.000 casos. De ellos, se consideró que 11.300 se podían explicar por las razones habituales[10]. Venus, nuestro planeta hermano, puede ser extraordinariamente brillante cuando sale y se esconde. Los aviones pueden parecer inmóviles mientras se acercan al observador hasta que, «de repente», se alejan. En la lista de posibles explicaciones encontramos globos, aves, meteoros y diversos fenómenos atmosféricos. Al final, tan solo 700 avistamientos (alrededor del 6 %) no se pudieron explicar. Y en algunas ocasiones se debía a que no se tenía la suficiente información para empezar siquiera a buscar una aclaración coherente.

En 1966, mientras el proyecto Blue Book avanzaba a buen ritmo, surgió otro repunte de avistamientos que provocó la creación de una investigación no militar y a cargo de especialistas (aunque estaba financiada por el Gobierno). Edward Condon, físico nuclear de la Universidad de Colorado, en Boulder, fue el elegido para dirigir el proyecto. El objetivo era afrontar los casos del proyecto Blue Book desde otro punto de vista estrictamente científico y responder así a una simple pregunta: ¿existe algún aspecto del tema ovni que tenga relevancia científica? Por ejemplo, ¿es importante para la ciencia el hecho de que seamos visitados por miembros de una civilización alienígena increíblemente avanzada? Después de dos años analizando los archivos del proyecto en busca de posibles explicaciones, el comité Condon publicó un informe cuya conclusión era que los ovnis no tenían ningún interés para la ciencia. El comité no encontró suficientes razones que les hicieran pensar que, tras los ovnis, existía un nuevo fenómeno ajeno a la física conocida por nosotros. A los pocos meses de su publicación, la Asociación Estadounidense para el Avance de la Ciencia respaldó las conclusiones del comité, razón por la cual el informe Condon se convirtió, *de facto,* en la respuesta oficial durante las siguientes décadas. Si alguien quería plantear de nuevo alguna cuestión referente al tema ovni para conocer la opinión oficial, era remitido al informe Condon, con lo que se zanjaba el asunto.

Sin embargo, no todo el mundo estaba de acuerdo con esa conclusión, por lo que no tardaron en aparecer dudas sobre la imparcialidad científica del comité. Uno de los que se quejó fue James E. McDonald, respetado físico atmosférico, que criticó duramente el informe. McDonald se mostró categórico al afirmar que el trabajo del comité (y las explicaciones anteriores de la Fuerza Aérea) era, científicamente, muy pobre. Según McDonald, las pruebas importantes de los casos más interesantes no fueron analizadas con el rigor requerido. Además, nunca se buscó a los principales testigos oculares para volverles a tomar declaración. La crítica de McDonald resonaría a lo largo de los años y llegaría hasta nuestros días mientras aumentaban las peticiones de afrontar el tema de los ovnis con una ciencia de más calidad y más rigurosa.

De esta historia de comisiones, comités y programas gubernamentales se pueden extraer un par de conclusiones que merecen la pena. La primera es que solo una pequeña parte de los objetos no identificados vistos en el cielo siguen sin haber podido ser explicados. La otra es que, durante las dos primeras décadas de avistamientos de ovnis, el Gobierno no fue muy franco sobre cuáles eran sus verdaderas preocupaciones. Es perfectamente posible ser escéptico respecto a la relación de los ovnis con los extraterrestres (como es mi caso) y, al mismo tiempo, reconocer que el Gobierno no fue del todo honesto. Tanto si su objetivo era mantener a los soviéticos desconcertados sobre nuestra tecnología como si era mantenerlos desconcertados sobre lo que sabíamos de su tecnología, Washington optó por la desinformación.

Sin embargo, en la década de 1990, cuando la Guerra Fría ya había finalizado, aparecieron nuevos informes gubernamentales que intentaban aclarar lo que no se había explicado durante las décadas de 1950 y 1960. En concreto, en un informe hecho público en 1997 se afirmaba que el Gobierno encubrió lo sucedido en Roswell. Básicamente, decía lo siguiente: «Sí, por entonces mentimos sobre el "globo meteorológico", porque en realidad se trataba de un programa secreto de detección de armas atómicas llamado proyecto Mogul». Pero eso no impresionó lo más mínimo a los que seguían creyendo que los ovnis eran naves alienígenas. Está claro que el Gobierno se esforzó para que se propagase desinformación sobre los ovnis, aunque solo lo hizo de forma temporal. Fue una consecuencia directa de la paranoica geopolítica de la Guerra Fría. Así que, cuando esa época se terminó, al menos algunos miembros del Gobierno reconocieron el error.

De todos esos informes se puede extraer una conclusión más general que ha seguido siendo válida durante todo este tiempo. La mayoría de avistamientos de ovnis tienen explicaciones mundanas. Pero en la larga historia de avistamientos siempre ha habido un puñado de casos que, cuando se analizan más a fondo, son lo suficientemente extraños como para desconcertarnos. Eso no significa que tengan algo que ver con los extraterrestres, pero sí que merecen que se realice una investigación científica más profunda. El problema es que esa mezcla de ofuscación gubernamental y conspiranoia de los verdaderos creyentes en los ovnis terminó afectando al programa SETI. Como veremos, aquel que era escéptico respecto a este tema se convertía, de manera falaz, en culpable por asociación, algo que, más de una vez, casi acaba con el trabajo científico del programa. Ahora, por fin, gracias a una serie de descubrimientos asombrosos como los exoplanetas, el campo de la astrobiología está saliendo de las sombras.

Los extraterrestres invaden la cultura pop

¡Están aquí!

Si queremos comprender la situación *actual* de la astrobiología y la búsqueda de vida en el Universo no nos podemos limitar a los descubrimientos científicos. Los avistamientos de ovnis y los informes gubernamentales habían sido algo más que noticias, también estaban cambiando la sociedad. Los científicos son seres humanos moldeados por las culturas en las que crecen. Lo mismo ocurre con los políticos que deciden qué ciencia se financia y con los mandos militares que se preocupan por las amenazas potenciales. Eso significa que, en realidad, existen dos tipos de alienígenas: los que pueden o no vivir en planetas lejanos y los que viven en nuestras cabezas.

Con el inicio de las eras nuclear y espacial en la década de 1950, los aliens empezaron a invadir insidiosamente nuestro espacio mental colectivo y cultural. La verdad es que no opusimos mucha resistencia. En los 70 años que han trascurrido desde lo de Roswell, el tema de la vida extraterrestre se ha introducido en casi todos los ámbitos culturales. Está presente en películas exitosas como las de Marvel y en podcasts como los de Ezra Klein. Si queremos averiguar hacia dónde se dirige ahora la búsqueda científica de vida en el cosmos, debemos desentrañar antes cómo fue posible que esos alienígenas acabaran metiéndose en nuestros cerebros. Se dice que la vida imita al arte y viceversa. Eso es doblemente cierto cuando hablamos de la vida en el Universo. La opinión que tenemos de los extraterrestres está enormemente influida de un modo u otro por aquellos aliens que se instalaron en nuestro imaginario colectivo.

Antes de que estallara la Segunda Guerra Mundial era muy difícil «encontrar» extraterrestres. Habitaban en revistas de ciencia ficción como *Cuentos asombrosos* o los seriales cursis de Flash Gordon. No había mucho espacio para ellos ni en el cine ni en la radio (los medios dominantes en aquella época). Sin embargo, la guerra trajo consigo dos acontecimientos muy significativos que hicieron que los extraterrestres pasaran a formar parte de la cultura popular. Primero, después de que la Unión Soviética detonara sus propias bombas atómicas y termonucleares en 1949 y 1953 la aniquilación instantánea de toda la civilización se convirtió en una posibilidad real. Las armas nucleares demostraron que la tecnología tenía un poder casi divino.

Segundo, y puede que más importante que el primero para los alienígenas que habitan en nuestra mente, fue la construcción de potentes cohetes. Los alemanes inventaron los V-1 y V-2 que sembraron muerte y terror en Londres. Cuando durante la década de 1950 la Guerra Fría se recrudeció, tanto Estados Unidos como la URSS se esforzaron en hacer cohetes cada vez más potentes. Desarrollaron Misiles Balísticos Intercontinentales (ICBM, por sus siglas en inglés) que podían lanzar cabezas nucleares hasta el borde del espacio exterior y dejarlas caer sobre objetivos situados a medio mundo de distancia. A estos misiles se les adjudicó un papel prioritario en los programas espaciales de ambas naciones. En 1957, la URSS lanzó el primer satélite artificial, el Sputnik 1, utilizando un ICBM modificado. En 1961, los soviéticos utilizaron el mismo tipo de cohete para poner en órbita al primer ser humano Yuri Gagarin. En 1962, Estados Unidos por fin se anotó un tanto en la carrera espacial al utilizar un ICBM modificado para llevar la sonda espacial Mariner 2 a Venus. Era la primera misión cuyo destino era otro planeta.

Por un lado, la gente tenía miedo de la incineración nuclear, pero, por otro, era consciente de que se abría la frontera ilimitada del espacio. Era mucho con lo que lidiar. Y, por si fuera poco, en los periódicos empezaban a aparecer informes sobre avistamientos de ovnis. Hollywood estudió el tema y decidió que podían utilizar a los aliens para llenar los cines.

A principios de la década de 1950, los viajes espaciales y los extraterrestres empezaron a convertirse en los pilares de los proyectos de muchos estudios cinematográficos. La mayoría de las películas no serán recordadas por su calidad, tenían presupuestos muy limitados y títulos como *El ser del planeta X, La diabla de Marte* y *La bestia de un millón de ojos*. Es más que probable que usted no haya visto ninguna de estas películas, pero yo las he visto todas. He de decir que también se hicieron películas sobre extraterrestres muy bien escritas que tuvieron un gran impacto. *Ultimátum a la Tierra* contaba la historia de Klaatu, un embajador de otro planeta. Klaatu y su robot guardaespaldas aterrizaban en Washington D. C. con su nave en forma de platillo (por supuesto). Nada más llegar, lanzaban un duro mensaje a la humanidad: «Enmendad vuestro comportamiento violento o alejaos del espacio exterior». *La invasión de los ladrones de cuerpos* fue la primera película sobre una invasión alienígena. Aunque también era una alegoría sobre el conformismo político (era la época de la caza de brujas de supuestos simpatizantes comunistas). Esta fue la primera versión de una historia muy repetida: aliens infiltrados entre nosotros que cambian de forma. *Planeta prohibido,* la mejor de todas, nos presenta a una civilización avanzada que cae por culpa de poderosas fuerzas y decide dejar tras de sí su tecnología para que futuras civilizaciones la encuentren y usen. Este tema fue adoptado posteriormente por incontables películas de ciencia ficción, series de televisión y videojuegos, y como soy un friki, no puedo evitar citar algunas: *Star Trek, Stargate, The Expanse* y la impresionante serie de videojuegos *Mass Effect*.

A pesar de la abundancia de naves espaciales de cartón y disfraces alienígenas baratos, todas estas películas de gran presupuesto acabaron formando parte de la cultura popular. Consiguieron perdurar de tal manera que han influido en nuestra actual forma de pensar sobre los extraterrestres y las civilizaciones alienígenas.

Por ejemplo, los científicos que, como yo, trabajamos en programas de búsqueda de inteligencia extraterrestre y tecnofirmas tenemos siempre presente el hecho de que, por muy avanzada que sea la tecnología de una civilización, esta puede acabar desapareciendo igualmente. La ciencia ficción creó un conjunto de conceptos e imágenes sobre la vida en el Universo que sigue influyendo, positiva y negativamente, en cómo afrontamos este tema en la actualidad. En primer lugar, ocasionó que la gente fuera consciente de que, algún día, la ciencia sería capaz de responder una serie de preguntas muy importantes sobre la vida alienígena. En algunos de esos casos, las preguntas invitaban a una profunda reflexión. Por otro lado, todas esas terribles películas de serie B sobre extraterrestres consiguieron que todo el asunto pareciese una broma. Así nació el conocido como «factor risitas» *(«giggle factor»),* por el que cualquier mención al programa SETI, las tecnofirmas o incluso la astrobiología provoca incredulidad y risas sarcásticas disimuladas. Como veremos, el «factor risitas» asociado a los «hombrecillos verdes» convirtió al SETI en una dinamita política que casi impidió que siguiera adelante durante 30 años.

Así, cuando usted piensa en un extraterrestre, los aliens que le vienen a la mente no surgieron de la nada. Son el fruto de muchas décadas de sueños culturales colectivos que aparecían en los medios populares. Hay que tener presentes esos sueños mientras intentamos despertar para afrontar la búsqueda de vida alienígena de una forma mucho más científica.

2

Entonces, ¿cómo lo hacemos?

Ideas cruciales que influyeron y siguen influyendo en nuestra búsqueda de aliens

Durante siglos, las opiniones sobre la vida inteligente en el Universo fueron muy viscerales. Pero a finales de la década de 1950 y principios de la de 1960 se establecieron una serie de pautas sobre cómo realizar dicha búsqueda, y la gente (al menos los científicos) por fin se lo tomó en serio. Igual de importante fue que, durante esa época, empezamos a *pensar* en los extraterrestres de maneras totalmente diferentes. Dimos un gran paso adelante cuando aprendimos a pensar de forma sistemática sobre cómo podría evolucionar una civilización alienígena, cómo se comportaría y cómo podría ser detectada. Puede ser realmente difícil encontrar algo cuando no tienes ni idea de lo que estás buscando.

En este capítulo vamos a analizar algunas de esas ideas que han resistido el paso del tiempo. Lo haremos por dos razones. En primer lugar, si usted está realmente interesado en la búsqueda científica de vida más allá de nuestro planeta, debe conocer estos conceptos: zonas habitables, la escala de Kardashev, esferas de Dyson... Siempre acaban saliendo en todas las conversaciones sobre vida extraterrestre. Tanto si es al hablar de la ciencia de los exoplanetas como del origen de la vida o incluso de discusiones sobre ovnis, estos conceptos son la base sobre la que se construye todo lo demás, y serán su comodín para decir cosas inteligentes durante la cena.

Por supuesto, más importante que impresionar a la gente mientras toma una copa, ve un partido o disfruta de un cóctel es entender por qué estas ideas, y esta historia, son tan fundamentales. Lo son porque la ciencia es muy conservadora. No me refiero a términos políticos. Lo que quiero decir es que la ciencia suele aferrarse a las que considera que son sus mejores ideas. Es muy difícil averiguar algo sobre el mundo, así que, cuando a un científico se le ocurre una idea que resulta ser útil o que resume algún proceso complicado como, por ejemplo, la evolución de las civilizaciones avanzadas, esa idea tiene un gran poder de permanencia. Se utilizará una y otra vez. Se transmitirá a la siguiente generación de científicos, que también la usarán constantemente, integrándola en su forma de pensar y en sus trabajos de investigación. Si una idea es realmente buena, puede que incluso se llegue a convertir en la piedra angular del plan de alguna misión multimillonaria destinada a colocar un telescopio en el espacio.

Pero no basta con que una idea sea buena. Con el tiempo, ha de demostrar su fiabilidad, es decir, se ha de ajustar a lo que los científicos llaman *estándares de prueba*. Estos estándares son la clave. Todo depende de ellos. Así es como se hace ciencia. Por desgracia, no son muy interesantes. Nadie me ha invitado a un programa nocturno de televisión para que deslumbre y entretenga a la audiencia con historias sobre cuáles son los procedimientos adecuados para obtener datos precisos. Los estándares de prueba son la idea más importante de la ciencia, mucho más que los agujeros negros, los saltos cuánticos o incluso la vida extraterrestre, y es así porque son la razón por la que la ciencia funciona.

Tuvo que pasar mucho tiempo para que la ciencia evolucionase hasta convertirse en lo que es actualmente. A menudo escuchamos que el proceso científico evolucionó gracias al trabajo de genios singulares como Galileo o Newton, pero en realidad eso es solo una parte de la historia. Por cada Einstein hubo cientos de personas a las que la historia apenas prestó atención, pero todos juntos crearon redes de pensadores, matemáticos y experimentadores. Se escribieron cartas de un extremo a otro de Europa y del mundo. Se visitaban mutuamente en sus talleres y laboratorios. Crearon nuevas instituciones para que la ciencia siguiera avanzando, como la Royal Society inglesa (fundada en 1660). Y lo más importante de todo, discutían acaloradamente sobre, por ejemplo, cuál era la mejor manera de realizar experimentos con líquidos en ebullición, sobre cómo buscar nuevas formas de rastrear cometas, etcétera.

Gracias a estas instituciones y a estas redes se elaboraron, lenta y penosamente, las mejores estrategias de investigación. Una parte de estas estrategias o prácticas, puede que la más importante de todas, fue la elaboración de una serie de normas que había que tener en cuenta a la hora de extraer conclusiones a partir de las pruebas obtenidas. Estas normas son básicas para saber si una prueba es buena o es una porquería. Nos permiten discernir cuándo una conclusión está respaldada por pruebas y cuándo es poco más que una fantasía que esperábamos que fuera cierta, pero que no tiene nada que ver con la realidad.

¿Por qué le estoy explicando esto? Porque los estándares de prueba son los que determinan si algo es ciencia o es una tontería. Si queremos responder a la pregunta de si hay vida en el

Universo, tendremos que tener siempre presentes esos estándares para que no nos engañen. Hace poco, la comunidad astrobiológica ha establecido una serie de directrices rigurosas sobre lo que se considera detección de vida[1]. La comunidad SETI fue pionera, hace años, en la creación de este tipo de directrices. Los científicos sufrimos de lo lindo para redactarlas, porque queríamos dejar muy claro qué se necesita saber antes de que un equipo de investigación pueda anunciar al mundo algo tan importante como: «¡La hemos encontrado!».

Supongamos que mis compañeros y yo afirmamos haber encontrado pruebas de la existencia de luces urbanas en un mundo situado a 50 años luz de distancia. Las directrices que establecen los estándares de prueba exigirían que la señal captada fuera mucho más fuerte que el ruido habitual presente en cualquier observación astronómica. Nos obligarían a analizar si nuestra señal pudo haber sido originada por nuestros instrumentos y no en el planeta X. A continuación, esas directrices nos obligarían a examinar todas las posibles causas naturales (por ejemplo, averiguar si en el planeta alienígena se producían muchos rayos en niveles muy superiores). Cuando hubiéramos comprobado todas las explicaciones anteriores, podríamos afirmar que hemos encontrado pruebas de la existencia de una civilización alienígena. Incluso entonces, esperaríamos que nuestros compañeros de profesión nos criticaran duramente, cuestionando cada aspecto y detalle de lo que hicimos y de lo que afirmamos. Así es como funciona la ciencia. En algo tan importante como sería el descubrimiento de extraterrestres, tiene que ser más estricta que nunca.

Uno de mis mayores problemas en el tema ovni es que no existen estándares de prueba. La mayoría de las veces, cualquier imagen borrosa o cualquier declaración de un testigo es considerada una prueba válida de que hay extraterrestres entre nosotros. Por supuesto, en la comunidad ovni *hay* personas que sí se preocupan con sinceridad y prestan atención a los estándares de prueba, pero son ignorados con demasiada frecuencia. El ruido es mucho más fuerte que la señal.

Empecé este capítulo haciendo una pequeña incursión en la historia y la filosofía de la ciencia porque, a finales de la década de 1950 y principios de la de 1960, un puñado de científicos *intentó* dotar de rigor a la cuestión extraterrestre. En esa época surgieron tecnologías que permitieron llevar a cabo las primeras búsquedas, y, como científicos, sabían que esos estándares de prueba iban a ser la clave de un posible éxito. Puede que el ejemplo más explícito sea el heroico esfuerzo realizado durante los primeros años del proyecto SETI, liderado por el joven e intrépido Frank Drake.

Proyecto Ozma

La primera búsqueda

La astronomía no prestó mucha atención a la búsqueda de vida más allá de la Tierra por una buena razón: era imposible de realizar. Incluso con los mejores telescopios, las estrellas más cercanas aparecían como poco más que puntos de luz, y los dispositivos que eran lo suficientemente sensibles como para captar la presencia de planetas orbitando alrededor de esas estrellas no aparecieron hasta la década de 1990. Los pocos astrónomos que, por entonces, estaban interesados en la vida alienígena no podían ni imaginar cómo se podía realizar una búsqueda científica. Antaño, incluso se llegó a proponer que se crearan enormes fogatas con formas geométricas para, de esa forma, hacer saber a las criaturas inteligentes que vivieran en alguno de los planetas de nuestro sistema solar que estábamos aquí. Como era de esperar, la estrategia de encender hogueras del tamaño de Texas para avisar a los marcianos no obtuvo mucho respaldo. Sin embargo, a finales de la década de 1950, la búsqueda científica de vida extraterrestre se hizo realidad gracias a las nuevas tecnologías y al plan elaborado por Frank Drake. Han tenido que pasar más de 70 años para que lleguemos al punto en el que nos encontramos actualmente. Estamos preparados para seguir avanzando.

En la década de 1950, hacer astronomía utilizando ondas de radio era una idea demasiado nueva. Hasta entonces, para observar el cielo se utilizaba luz visible, la clase de luz para la que habían evolucionado nuestros ojos. Pero esa es tan solo una pequeña porción de todo el espectro electromagnético. Todas las clases de luz son ondas electromagnéticas que viajan por el espacio. La luz gracias a la cual vemos tiene una longitud de onda relativamente corta (la distancia que separa una cresta de la otra). La luz azul, por ejemplo, tiene una longitud de onda que se puede medir en millonésimas de pulgada. Las ondas de radio también son luz, pero sus longitudes de onda son mucho mayores; son las más largas del espectro electromagnético, y van desde el tamaño de un puño hasta el de un rascacielos o incluso más. Hacia finales de la década de 1940, los astrónomos empezaron a descubrir cómo construir telescopios para observar el cielo utilizando ondas de radio. A finales de la década de 1950, el Gobierno decidió aportar los fondos necesarios para construir las enormes antenas parabólicas que se convertirían en la característica más reconocible de los radiotelescopios.

En 1958, tres años antes de crear la famosa ecuación que lleva su nombre, Frank Drake empezó a trabajar en el recién inaugurado Observatorio de Green Bank, en Virginia Occidental. Por entonces hacía poco que se había doctorado en Radioastronomía. Cuando llegó, el radiotelescopio aún no estaba acabado. Sus compañeros planeaban utilizar su nuevo y gigantesco aparato para estudiarlo todo, desde la estructura de nuestra galaxia hasta la explosión de estrellas. Drake quería colaborar en esos proyectos, pero, sin decírselo a nadie, esperaba poder utilizarlo para otra cosa. En la universidad había conocido al famoso astrónomo Otto Struve. Por aquel entonces, Struve era uno de los pocos científicos interesados en el tema de la existencia de vida en el Universo. A diferencia de muchos de sus compañeros, Struve creía que había muchos planetas y pensaba que en algunos de esos mundos alienígenas podrían existir otras formas de vida. Predicando con el ejemplo, Struve convenció a Drake de que la búsqueda de vida más allá de la Tierra era un problema que los astrónomos podían, y debían, estudiar. Drake llegó a Green Bank con ganas de ocuparse él mismo de ese problema.

El gran radiotelescopio situado frente a su ventana era la herramienta perfecta para satisfacer sus ambiciones. Gracias a que las longitudes de onda de las ondas de radio son tan largas, pueden viajar por el espacio sin ser absorbidas (bloqueadas) por las partículas de polvo interestelar, como ocurre, por ejemplo, con la luz visible. Por esa razón, incluso las señales de radio más débiles pueden viajar sin obstáculos cruzando grandes distancias. Los radiotelescopios, incluso aquella primera versión con la que trabajó Drake, son también muy sensibles, lo que significa que pueden detectar señales muy débiles. Así que Drake tenía muy claro cuáles eran los siguientes pasos que debía dar.

Elaboró un plan basado en una pregunta muy directa: ¿a qué distancia podrían ver la Tierra los aliens con un telescopio como el suyo? Utilizar la Tierra como referencia era una muy buena idea. En lugar de imaginar que allí afuera había extraterrestres superpoderosos, empezó con algo que sabía que existía: tecnología humana de radio. Cuando hizo el cálculo, descubrió que, si se utilizaba un radiotelescopio similar al que él tenía en Green Bank, los transmisores de radio más potentes de toda la Tierra se podían detectar hasta una distancia de unos diez años luz. Eso le proporcionó un radio de búsqueda. A continuación, le dio la vuelta a la pregunta inicial para poder determinar cuáles eran los objetivos reales de su búsqueda. ¿Existen estrellas similares al Sol en un radio de diez años luz? Formuló la pregunta de esta manera suponiendo, con cierto conservadurismo científico, que, para que surgiera vida en algún lugar, las condiciones deberían ser similares a las terrestres. Como por entonces era imposible saber si una estrella tenía planetas similares al nuestro orbitándola (en 1995 se empezaron a descubrir exoplanetas), Drake hizo lo mejor que podía hacer: centrarse en estrellas similares al Sol que estuvieran en un radio de diez años luz, y eligió dos. La primera fue la estrella Tau Ceti, en la constelación Cetus (la Ballena). La segunda fue Épsilon Eridani, una estrella de la constelación Eridanus (el Río). Las dos eran parecidas a nuestro Sol en cuanto a tamaño, masa y temperatura.

El siguiente problema que debía afrontar no era científico, sino político: ¿podría convencer a sus compañeros del observatorio para que participaran en algo tan aparentemente descabellado como la búsqueda de civilizaciones extraterrestres? Recordemos que en aquella época no existía la astrobiología. La astronomía era el estudio de los objetos celestes inertes (sin vida). El mero hecho de insinuar que podía existir vida en otros mundos era, para la mayoría de astrónomos, una fantasía sin base científica alguna. ¿Por qué perder el tiempo pensando en una pregunta que no se podía responder? La locura de los ovnis y los monstruos alienígenas de ojos saltones de las películas de serie B de la época tampoco ayudaba. La mayoría de científicos serios no quería saber nada de civilizaciones de otros planetas. El «factor risitas» estaba en pleno apogeo.

Por suerte, los pocos astrónomos que trabajaban en Green Bank eran de mentalidad abierta. Una tarde, mientras comían hamburguesas y patatas fritas en una cafetería local, Drake les propuso buscar inteligencia extraterrestre (es decir, señales de origen no natural). Les gustó la idea. De repente, Drake tenía entre manos un verdadero proyecto de investigación. Lo llamó proyecto Ozma en honor a la princesa Ozma de las novelas de L. Frank Baum sobre la tierra de Oz, de las que era un gran fan.

El proyecto Ozma se desarrolló durante la época heroica de la experimentación científica, cuando, en muchas ocasiones, además de diseñar el proyecto, tenías que construir todo lo que necesitabas. Drake optó por hacerlo así para evitar que lo acusaran de gastar mucho dinero en el proyecto. Pero, por entonces, si querías hacer radioastronomía tenías que ser un manitas. Ocurrió algo similar con la ingeniería de sonido en los primeros estudios de grabación de *blues* y *rock and roll,* cuando todo giraba en torno a la electrónica de sintonizadores y amplificadores. Pero ahora, en lugar de captar el sonido de la guitarra eléctrica de Muddy Waters, Drake y sus compañeros intentaban captar las débiles emisiones de una estrella situada a diez años luz.

El proyecto Ozma duró tres meses (de abril a julio de 1960). No se encontró ninguna señal de origen alienígena. Pero el hecho de no haber podido hallar una prueba de inteligencia extraterrestre no significaba que el proyecto hubiera sido un fracaso. Cuando se corrió la voz, el mundo entero supo lo que habían intentado lograr. El joven y larguirucho Frank Drake recibía un flujo constante de visitantes mientras intentaba encontrar pruebas de vida alienígena a diario. A Green Bank acudieron famosos hombres de negocios, destacados teólogos y periodistas de renombre para ver qué ocurría. Drake y su proyecto aparecieron en titulares y programas de televisión de todo el mundo porque, ya en aquella época, el tema de los extraterrestres preocupaba a todos. De repente y por primera vez, albergábamos esperanzas de que la cuestión de la vida extraterrestre, debatida en bares, escuelas y hogueras a lo largo de la historia y en todo el mundo, se pudiera resolver de un modo científico. El proyecto Ozma atrajo la atención mundial porque se desarrollaba en un umbral que apenas estábamos empezando a cruzar.

En retrospectiva, no exageramos si decimos que ese proyecto fue esencial para cruzar ese umbral, o si afirmamos que el joven Drake fue disparatadamente valiente al cogernos de la mano para cruzarlo con él. Nunca antes se había buscado ningún tipo de vida más allá del sistema solar. Para hacerlo, Drake tuvo primero que construir el campo científico y dotarlo de una metodología que cumpliera con esos importantísimos estándares de prueba. Una vez cruzado el umbral, ya no se podía volver atrás. Drake logró que toda la humanidad abandonase su infancia planetaria y entrase en la adolescencia cósmica. De repente, teníamos la capacidad, por pequeña que fuera, de encontrar a otros como nosotros en el vasto océano de estrellas. Ahora podíamos hacer algo más que soñar con conversar con otras inteligencias que, como nosotros, contemplaban las estrellas y se preguntaban si estaban solos.

En las décadas que han transcurrido desde el proyecto Ozma, la astrobiología ha pasado de ser un tema marginal a convertirse en un reputado campo de investigación. Durante las décadas de 1960 y 1970, la NASA envió misiones a diversos planetas de nuestro sistema solar. Con todos esos proyectos, albergábamos la esperanza de que, en algún lugar, íbamos a encontrar pruebas de la existencia de vida, aunque esta fuera microbiana. Marte era el objetivo principal. Pero, en la década de 1980, esas esperanzas se desvanecieron casi en su totalidad, y la pequeña comunidad que pensaba que ahí afuera podría existir al menos una forma de vida simple dejó de crecer y ya no recibió más financiación. El grupo de científicos que quería trabajar en la búsqueda de vida inteligente era mucho menos numeroso. A pesar de que el proyecto Ozma puso en marcha el SETI, la comunidad científica no se subió al carro. Como veremos, una parte del problema fue que el SETI se convirtió en objeto de debate político durante la década de 1980. A mediados de la década de 1990, la astrobiología no era un campo puntero y el programa SETI era muy marginal.

Ahora, sin embargo, gracias a las revoluciones que vivió este campo y que analizaremos en el resto de este libro, la búsqueda de vida extraterrestre se ha convertido en una de las mayores prioridades de la NASA, la cual ha invertido miles de millones de dólares en la construcción de la próxima generación de telescopios para hacerla posible. En 2020, la comunidad astronómica, bajo los auspicios de las Academias Nacionales de Ciencias, elaboró su última Encuesta Decadal de Astronomía y Astrofísica, en la que se establecieron cuáles eran las prioridades de las nuevas misiones. El conocido por algunos como Observatorio de Mundos Habitables, un telescopio cuyo objetivo es estudiar exoplanetas y hallar vida en ellos, encabezaba la lista*. Dentro de

---

* Todavía desconocemos cómo será este telescopio y el nombre que se le dará. El comité estudió varias propuestas. Aún está por decidir qué es lo que se pretende construir. Pero lo importante es que el informe apuesta decididamente por la construcción de algo que se dedicará al estudio de los exoplanetas y la astrobiología.

un par de décadas será el sucesor del Telescopio Espacial James Webb. En ese contexto es en el que debemos situar el logro alcanzado por Drake. No fue solo el nacimiento del proyecto SETI. Drake ideó y llevó a cabo la primera investigación sobre astrobiología de un modo completamente científico. Las herramientas con las que contaba eran muy limitadas, y los conocimientos astronómicos de la época acotaban seriamente cualquier clase de búsqueda que se pudiera realizar. Pero ahora esas limitaciones han desaparecido, han sido borradas gracias a los espectaculares avances científicos producidos durante las últimas décadas. Por eso podemos decir que, por fin, estamos preparados para iniciar una búsqueda seria y profesional.

El trabajo pionero de Drake con su proyecto Ozma fue un hito de tal magnitud que siempre será recordado. Dentro de muchos años, cuando quizá estemos en una reunión de la Federación de Culturas Galácticas con el resto de especies interestelares, Drake y el proyecto Ozma seguirán siendo recordados por haber sido el primer paso que lo inició todo.

Zonas habitables

La órbita Ricitos de Oro

Frank Drake inició la búsqueda de inteligencia extraterrestre con el proyecto Ozma. Sin embargo, la mejor ciencia es aquella en la que teoría y experimentos (observación) interaccionan constantemente. No basta con colocar el telescopio en dirección al cielo y tomar datos. A la larga, para ser más sofisticado y aumentar las probabilidades de que tu búsqueda tenga éxito, tienes que saber qué estás buscando. Y ahí es donde es necesario contar con una teoría. El trabajo de los teóricos consiste en utilizar la física para averiguar qué es posible en el Universo y qué es imposible, y lo expresan con leyes matemáticas muy hermosas. En serio, son tan bellas como los primeros compases de *A Love Supreme* de John Coltrane o *Heartbreaker* de Led Zeppelin.

Para mejorar el proyecto Ozma, el SETI necesitaba un nuevo cuerpo teórico. Tenía que haber en algún lugar científicos que pudieran aportar conceptos teóricos (ideas) que mejoraran las búsquedas posteriores a Ozma. En este apartado y en los dos siguientes conoceremos los conceptos clave que se idearon durante los años inmediatamente posteriores a la finalización del proyecto Ozma. Las esferas de Dyson, la escala de Kardashev y las zonas habitables (en este capítulo) fueron los cimientos sobre los que se construirían las futuras búsquedas SETI, y a su alrededor se entablarían las futuras discusiones sobre la búsqueda de inteligencia extraterrestre. Podríamos incluir también la paradoja de Fermi y la ecuación de Drake en este conjunto de conceptos esenciales de la búsqueda de vida alienígena, pues aún siguen teniendo un gran impacto.

En la actualidad, además de detectar las ondas de radio como se hacía en el proyecto Ozma, también se han ideado métodos para detectar biofirmas y tecnofirmas. Estas ideas esenciales también aparecen cuando alguien habla de los ovnis y asegura que son obra de extraterrestres. Los aliens tienen que venir de alguna parte, y, para hablar de la vida más allá de la Tierra, estos son algunos de los conceptos más brillantes que ha ideado el pensamiento humano.

Empezaremos con una simple observación sobre las fronteras de la ciencia. A veces, lo más inteligente que puede hacer un científico es inventar algo. Cuando, en 1960, el proyecto Ozma estaba llegando a su fin, no había mucha gente interesada en averiguar cómo se debería realizar una búsqueda científica de vida extraterrestre. En aquella época, si eras un científico que pensaba que *se debería hacer algo* en este campo, tenías que hacerlo tú. Los pocos investigadores interesados hicieron lo que siempre hacen los científicos cuando se encuentran en el límite de lo conocido: inventar cosas. Reflexionaron sobre el asunto, vieron qué era lo que iban a necesitar y lo crearon.

La esencia de la buena ciencia es la imaginación, limitada siempre por las leyes de los diversos campos científicos. Los astrónomos necesitan asegurarse de que sus ideas no se adentran en terrenos imposibles o puramente fantásticos. Para conseguir que otras personas acepten sus ideas y se sumen a sus proyectos, los investigadores deben basarse en las leyes de la naturaleza (por ejemplo, saber cómo funcionan la gravedad o la química) para ir logrando pequeños avances en los que apoyarse mientras se adentran en lo desconocido. Existe un equilibrio entre la concepción de una idea y la obtención de datos (observación/experimentación). El astrofísico chino estadounidense Su-Shu Huang utilizó esa metodología, allá por 1959, cuando postuló que todas las estrellas están rodeadas por una *zona habitable,* esencial para la búsqueda de vida[2]. Una zona habitable es el espacio existente dentro de un sistema solar (en términos de órbitas planetarias) en el que puede surgir la vida. Esta idea indica a los astrónomos en qué parte de un sistema alienígena deben buscarla.

¿Cuál era la limitación fundamental de la gran idea de Huang? La respuesta es muy sencilla: el agua. Si echamos un vistazo hacia atrás en la historia de la Tierra, la vida y el agua parecen ser inseparables. Cuando los científicos se centran en la química necesaria para que exista vida, no encuentran nada que funcione tan bien como el agua. Es el disolvente perfecto. En ella se diluyen con cierta facilidad tantas sustancias químicas que ninguna otra cosa funciona tan bien como medio para las interminables travesuras químicas de la vida.

Evidentemente, los científicos deben tener presente que es *posible* que alguna forma de vida utilice como base química algo que no sea agua. Pero, por ahora, lo importante es lo siguiente: si tuviéramos que empezar de cero, si tuviéramos que crear vida desde los cimientos, el agua sería nuestra mejor apuesta para iniciar el proceso. Esto nos lleva de nuevo a la brillante idea de Huang.

La temperatura de la superficie de cualquier planeta depende de dos factores: lo lejos que esté de su estrella y la cantidad de energía que emita esta, que llamaremos luminosidad. Hablemos primero de la distancia. Si un planeta está muy cerca de su estrella madre, la superficie del planeta estará muy caliente. Recibirá una inmensa cantidad de radiación estelar día tras día, lo que hará que el planeta sea un auténtico infierno. Si, por el contrario, el planeta está muy lejos de su estrella, su superficie estará helada y será inhóspita. Su estrella será tan solo un tenue puntito de luz en el cielo.

Analicemos ahora el segundo factor, la luminosidad estelar, la cual depende de la velocidad a la que se libera la energía por fusión termonuclear en su núcleo. Las estrellas muy luminosas lo son porque emiten una enorme cantidad de energía en comparación con una estrella de tamaño similar. Esto significa que, si un planeta se encuentra en una órbita bastante alejada de una estrella muy luminosa, su superficie puede seguir siendo cálida. En cambio, un planeta que orbita alrededor de una estrella de baja luminosidad seguirá congelándose a menos que esté muy cerca de ella. La Tierra tarda 365 días en completar una órbita alrededor del Sol. Las superficies de aquellos planetas que orbitan alrededor de estrellas de baja luminosidad solo serán habitables si sus órbitas tardan semanas en completarse. Un año entero reducido a unas pocas semanas. Eso es lo que quiero decir cuando hablo de una órbita muy cercana a su estrella. Si quiere una comparación, hablemos de Mercurio, el planeta más próximo a nuestro Sol. Su superficie alcanza una temperatura de 430 °C. Tarda 86 días en completar una vuelta al Sol. Para que un planeta que orbita una de esas estrellas frías tenga una temperatura aceptable para la vida tendría que estar diez veces más cerca del Sol de lo que lo está Mercurio.

Si tenemos en cuenta estos factores, sabiendo la distancia orbital de un planeta y la luminosidad de su estrella (su producción de energía), podemos saber cuál es la temperatura superficial del planeta en cuestión. También podemos saber si el planeta es un mundo gélido nevado, un mundo abrasador y desértico o algo intermedio, como nuestro encantador planeta. Eso es astrofísica básica.

Gracias a estos conocimientos astrofísicos, Su-Shu Huang descubrió cómo encontrar la zona en la que podría existir agua líquida en la superficie de los planetas. En el límite interior de esa zona estarían los planetas cuya superficie está tan caliente que el agua hierve. En cambio, la superficie de los planetas situados en el límite exterior estaría tan fría que el agua se congelaría. En los planetas situados en algún punto intermedio (siempre que tengan atmósfera) se podría verter un vaso de agua en el suelo y se formaría un charco. En ese pequeño charco tal vez, solo tal vez, podría surgir la vida.

La zona habitable fue un concepto sencillo y esclarecedor, y, en ciencia, esos conceptos e ideas tienen el poder de moldear el futuro de ese campo. Los astrobiólogos actuales lo utilizan como base de prácticamente todas sus búsquedas de vida alienígena. Nada acelera más el corazón de un astrónomo que el descubrimiento de un mundo similar a la Tierra situado en una zona habitable. Ese es el logro más grande. Es lo que buscan todos ellos. El de zona habitable fue uno de los primeros conceptos esenciales en la búsqueda de vida en el Universo. Ha superado la prueba del tiempo y sigue indicándonos dónde tenemos que buscar.

Esferas de Dyson

Megaestructuras alienígenas

Hay pocos términos en ciencia que parezcan tan poco serios como el de «megaestructura alienígena», y lo que es todavía más sorprendente es que esas dos palabras han aparecido en todas las noticias que informaban sobre la búsqueda de civilizaciones extraterrestres. Pero ¿qué es exactamente una megaestructura alienígena y por qué reputados científicos escriben artículos sobre ellas? Para poder responder como es debido debemos retroceder hasta 1960, año en el que se publicaron varios artículos de investigación escritos por el gran físico teórico Freeman Dyson.

Dyson se hizo conocido por contribuir al desarrollo de la teoría cuántica de la interacción de la luz y los electrones. Esa es la clase de cosas por las que te conceden un premio Nobel (que es lo que ocurrió). Pero Dyson también era la clase de científico cuya curiosidad le llevó muy lejos, a menudo más allá de los dominios del pensamiento científico de la época. Cuando Frank Drake puso en marcha la búsqueda de vida extraterrestre, Freeman Dyson empezó a preguntarse qué podrían encontrar. Como físico teórico, trató de averiguar hasta dónde podría llegar la evolución tecnológica de una civilización alienígena. El suyo fue uno de los primeros intentos importantes de utilizar la física como herramienta para imaginar la evolución de las civilizaciones tecnológicamente avanzadas.

Uno de los conceptos fundamentales de la física teórica es la *energía*. Se define como la capacidad para realizar un trabajo. Todo lo que ocurre en el mundo físico requiere del uso de energía. Dyson se dio cuenta de que la energía siempre será el único factor que limitará las capacidades de una civilización. Cuanta más energía tengas a tu disposición, más podrás hacer. Dado que es más que probable que la vida surja en la superficie de un planeta, Dyson pensó que toda civilización nacerá cerca de una fuente inmensa de energía, es decir, una estrella. La nuestra es el Sol. Una estrella típica produce unos 100 cuatrillones de vatios de energía. Eso es un millón de veces más energía cada segundo que la producida por todas las centrales eléctricas de la Tierra en un año[3]. Según Dyson, sería lógico que las civilizaciones intentaran aprovechar toda la energía que emana de su estrella, por lo que se propuso averiguar cómo podrían hacerlo.

Como suele ocurrir con todo lo relacionado con la búsqueda científica de inteligencia extraterrestre, una de sus fuentes de inspiración fue la ciencia ficción. Partiendo de las ideas expresadas en la novela de 1930 *Hacedor de estrellas,* escrita por Olaf Stapledon, Dyson pensó que se podría construir una estructura formada por colectores de luz en órbita que rodearían la estrella que nutre de energía a esa civilización. Se trataría de una especie de paneles solares capaces de captar la energía emitida por la estrella. Para poder captar el máximo posible, sería necesario construir una inmensa matriz de colectores que ocuparan todo un sistema solar o, en otras palabras, una megaestructura (aunque hay que decir que este término se ha puesto de moda recientemente). Una sola de estas megaestructuras podría ser más grande que un planeta. Dyson pensó que si se rodease una estrella con muchas de estas megaestructuras se podría captar la radiación estelar con la que alimentar a toda una civilización.

Dyson se dio cuenta de que, según las leyes de la física, en particular la famosa segunda ley de la termodinámica, los colectores de energía se calentarían al procesar la radiación solar. La segunda ley dice que cada vez que se recoge y utiliza energía se pierde una cierta cantidad. Cuando su coche consume un litro de gasolina, solo una parte de esa energía se destina a algo útil, en este caso a mover el vehículo. Una gran parte de ella, sin embargo, lo que hace es calentar el motor. Ese calentamiento, que no aporta nada, es una consecuencia de la segunda ley de la termodinámica. En el caso de la idea de Dyson, los colectores se calentarán a medida que captan y almacenan la luz de las estrellas. Cuando ocurra eso, también empezarán a brillar intensamente en la región infrarroja del espectro. Nuestro calor corporal también nos hace brillar en el infrarrojo, y podríamos detectarlo si nos pusiéramos esas gafas militares que permiten ver en la oscuridad.

Los cálculos de Dyson demostraron que el resplandor infrarrojo de una megaestructura recolectora de luz estelar podría verse desde distancias interestelares e incluso intergalácticas. En otras palabras, si una civilización construyera megaestructuras recolectoras de energía como las ideadas por Dyson, las leyes de la física nos dicen que serían detectables gracias a la radiación infrarroja emitida. Las podríamos ver. Esa es la razón por la que esa idea tan elegante caló tan rápidamente entre los investigadores del SETI. Ahora sabían qué buscar. En otros artículos especializados empezó a aparecer un nuevo término: las *esferas de Dyson*.

¿A qué se refieren los astrónomos cuando hablan de una esfera de Dyson? Imagínese una enorme cáscara, similar a una pelota de tenis de mesa, pero del tamaño de la órbita de la Tierra, que rodee y encierre por completo el Sol. El interior de la esfera estaría recubierto de paneles solares o algo similar producto de algún nuevo avance tecnológico. Su función sería captar la luz emitida por la estrella. Si el radio de la esfera es igual al radio de la órbita terrestre, con un cálculo muy sencillo vemos que su superficie interior sería 1.000 millones de veces la superficie de la Tierra. Es una superficie tan inmensa que algunos investigadores han sugerido que una civilización podría utilizar una fracción de su esfera de Dyson como espacio habitable. ¿Cuántos alienígenas cabrían en 1.000 millones de Tierras? Es una reflexión realmente abrumadora.

Pero ¿podría alguien construir una esfera de Dyson? ¿Es físicamente posible? A los científicos les encanta plantearse este tipo de cuestiones. A lo largo de los años, se han publicado muchos artículos basados en esta clase de cálculos. Todos ellos han llegado a la misma conclusión: para construir una cáscara de un kilómetro y medio de grosor y con una circunferencia del tamaño de la órbita de la Tierra, habría que pulverizar toda la masa contenida en todos los planetas del sistema solar. Luego habría que procesar el producto resultante y utilizarlo para fabricar los componentes de la esfera. Aunque eso supone una gran cantidad de trabajo y disponer de mucha maquinaria, al menos es algo factible. Un sistema solar típico *contiene* el material necesario para construirla. Esta conclusión significa que, aunque puede parecer que las esferas de Dyson pertenecen al mundo de la ciencia ficción, no son una fantasía imposible. Es cierto que para construir algo así hace falta tener determinadas capacidades que, de momento, no tenemos, pero es un proyecto que no violaría las leyes de la física.

Solo existe un problema: las esferas de Dyson no podrían ser auténticas esferas. Después de analizar toda la física implicada, los investigadores se dieron cuenta de que una bola hueca gigante con un sol en el centro sería gravitatoriamente inestable. Con tan solo un empujoncito, la esfera se desplazaría lentamente hacia un lado hasta chocar contra su estrella. Aunque, sin duda, sería algo catastrófico, he de reconocer que el espectáculo valdría la pena.

Por supuesto, es más que probable que si una civilización tuviera la tecnología necesaria para construir uno de estos monstruos, también sabría cómo resolver los problemas derivados de su estabilidad. Aun así, estos problemas hicieron que la mayoría de investigadores (incluido Dyson) pensaran que era mucho mejor construir un *enjambre* de Dyson, es decir, una gigantesca colección de máquinas independientes en órbita, que, en su conjunto, no sufrirían los problemas que conlleva la construcción de un armazón cerrado de esas dimensiones (la esfera). Un enjambre de Dyson seguiría emitiendo radiación infrarroja, pero no ocultaría por completo a su estrella. Este es un punto muy importante, ya que esa es la razón por la que, en 2014, alguien creyó que había encontrado uno. Hablaremos de ello más adelante.

Las esferas de Dyson fueron las primeras megaestructuras alienígenas que aparecieron en un artículo científico. Fue la primera vez que alguien sugirió que podrían existir artefactos a gran escala, creados por civilizaciones alienígenas, detectables a distancias interestelares. Y lo que es más importante, la idea ha perdurado en el tiempo. Se imaginaron enjambres e incluso anillos de Dyson, y los astrónomos empezaron a pensar en un nuevo campo de estudio: la *astroingeniería*. Con el tiempo y la tecnología necesarios, ¿cuán grande podría llegar a ser la megaestructura construida por una civilización? Esa es una pregunta que sigue influyendo en la forma de pensar actual de los astrónomos, ahora, cuando nuestras búsquedas de inteligencia alienígena están a punto de entrar en su siguiente y más prometedora fase[4].

La escala de Kardashev

Cómo clasificar una civilización alienígena

Una de las consecuencias de la idea planteada por Dyson fue que los astrónomos empezaron a pensar en posibles proyectos de ingeniería a escala del sistema solar. Fue un paso muy importante, ya que posibilitó que se plantease la siguiente pregunta: ¿cuán avanzada ha de ser una civilización para poder construir un enjambre de Dyson o incluso algo más complejo? Cualquier teoría sobre civilizaciones alienígenas debe intentar responder esta pregunta. También es importante para nuestro futuro, si es que tenemos uno. ¿Cómo evolucionan las civilizaciones tecnológicas a lo largo de miles, cientos de miles o incluso cientos de millones de años? Al abordar esta cuestión, a los especialistas del SETI se les ocurrió otra de sus ideas que tan bien han resistido el paso del tiempo: la escala de Kardashev.

Con los años y los avances tecnológicos necesarios, ¿hasta dónde puede llegar una civilización como la nuestra? La Revolución industrial de la Tierra solo tiene un par de siglos de antigüedad, por lo que esa reflexión es todo un reto para nuestra imaginación. A principios de la década de 1960, cuando el SETI apenas estaba dando sus primeros pasos, al mismo tiempo que se buscaba vida inteligente en el cosmos se intentaba predecir cómo evolucionaría la tecnología alienígena. Hay que recordar una vez más que, si uno no sabe exactamente qué está buscando, es muy difícil que lo encuentre. Es una tarea en la que mis compañeros y yo seguimos trabajando.

Nikolái Kardashev, pionero ruso del programa SETI, fue el primero que, en 1964, abordó el problema a lo grande cuando intentó crear un esquema que reflejase cómo evolucionan las civilizaciones avanzadas. Aunque Estados Unidos lideró la fiebre SETI con el proyecto Ozma de Frank Drake, los científicos de la Unión Soviética no se quedaron atrás. Tras haber adelantado a Estados Unidos en la puesta en órbita de un satélite artificial, este tema les entusiasmaba tanto como a sus homólogos estadounidenses, y eran igual de optimistas respecto a la existencia de civilizaciones tecnológicas extraterrestres. Incluso en plena Guerra Fría existía cierta paranoia en ambos Gobiernos sobre cuál sería el primero en establecer contacto con los extraterrestres y, de ese modo, obtendría una imaginaria ventaja militar a la hora de hacerse con algún arma como el *rayo de la muerte*. Así que, al igual que ocurrió en el estadounidense, el SETI ruso contaba con defensores acérrimos que planteaban ideas muy creativas.

Al igual que Frank Drake, Kardashev era radioastrónomo. Al ser un observador nato, se propuso encontrar una forma de clasificar las distintas civilizaciones en función de las señales que pudieran producir (lo que ahora llamamos tecnofirmas). Pero, al igual que ocurrió con Drake y su ecuación, Kardashev y su clasificación fueron más importantes que el propósito original para el que esta fue concebida. La escala que Kardashev presentó en sus artículos se convirtió en una referencia para el estudio de la evolución a largo plazo de las civilizaciones.

La escala de Kardashev se basaba en la suposición de que toda civilización tecnológica (ya fuera construida por dinosaurios astutos, pulpos inteligentes o complejos mohos mucilaginosos) pasaba por etapas evolutivas bien diferenciadas que se podían categorizar. Podía afirmar algo así porque su clasificación no se basaba ni en sistemas sociales (¿eran los dinosaurios autoritarios o democráticos?) ni en cuestiones éticas (¿estaba permitido el asesinato en las civilizaciones de los pulpos?) ni en aspectos de la economía política (¿eran capitalistas o socialistas los mohos mucilaginosos?). No se podía saber cuál era la posición adoptada por los alienígenas en estas cuestiones, ni siquiera si tenían sentido para mentes que podían ser muy diferentes a las nuestras.

En cambio, como buen físico, Kardashev construyó su clasificación basándose en la energía. Resultó ser una gran idea. La evolución de cualquier civilización depende de la energía. Nadie, ni nosotros ni los aliens, puede construir una civilización y toda la infraestructura asociada sin ella. La idea de Kardashev era identificar las fuentes de energía disponibles para las diferentes civilizaciones a medida que su tecnología avanzaba. Eso le permitió definir la cantidad de energía disponible para su uso en cada etapa de desarrollo.

Desde esa perspectiva, si nos basamos en la capacidad para obtener energía, existen tres niveles o tipos básicos de civilizaciones avanzadas:

Tipo 1. En su primera etapa de evolución, las civilizaciones utilizan toda la energía que hay en su propio planeta o llega a él desde el exterior. En la mayoría de los casos, la fuente de energía será la luz de su estrella, así que, para que una civilización sea considerada de tipo 1, debe capturar toda la luz solar que caiga sobre su planeta. La Tierra, por ejemplo, recibe del Sol el equivalente a unos cuantos miles de bombas atómicas de energía cada segundo. Cuesta imaginar que sobre nuestro planeta cae esa inmensa cantidad de energía todo el tiempo, pero cualquier civilización del tipo 1 tendría toda esta energía a su disposición para ir creciendo.

Tipo 2. ¿Por qué limitarse a obtener la cuota de energía solar que llega a tu planeta si puedes capturar toda la que emite tu estrella? Hemos visto cómo el físico Freeman Dyson se anticipó a la idea de Kardashev cuando propuso que las civilizaciones avanzadas podrían construir esferas inmensas alrededor de su estrella. Cada una de ellas sería una máquina del tamaño del sistema solar cuya función consistiría en capturar toda la energía luminosa emitida por la estrella, y no solo la cantidad, relativamente pequeña, que cae sobre el planeta en cuestión. Las civilizaciones de tipo 2 pueden obtener miles de millones de veces más energía que una civilización de tipo 1.

Tipo 3. El siguiente paso es recolectar toda la energía producida por todas las estrellas de una galaxia entera. Una galaxia típica tiene cientos de miles de millones de estrellas, por lo que estamos hablando de una civilización extremadamente avanzada. Una civilización de tipo 3 podría construir esferas de Dyson alrededor de cada una de esas estrellas, pero es posible que, si hubiera evolucionado tanto, pudiese succionar energía del propio espacio-tiempo u obtenerla de alguna otra manera solo imaginable por la ciencia ficción.

Así pues, según la escala de Kardashev, ¿dónde encajamos nosotros? ¿Tenemos alguna posibilidad, aunque sea remota, de ir ascendiendo y llegar a la cima? Carl Sagan realizó los cálculos necesarios para averiguar cuál era nuestra posición en la escala. Otros científicos hicieron lo mismo. El resultado no es muy alentador, pero tampoco está excesivamente mal. Tanto Sagan como los demás hicieron los mismos cálculos: sumaron toda la energía que obtenemos de los combustibles fósiles, las energías renovables y el resto de formas. Su conclusión fue que, en la actualidad, somos una civilización de tipo 0,7. Sin embargo, esa cifra está expresada en la escala logarítmica, y aunque se trata de un concepto matemático muy interesante, cuando me toca explicarlo sufro como el que más. Lo que es importante saber es que la progresión se dispara hacia arriba extremadamente rápido y que esa es la empinada pared que las civilizaciones tienen que escalar. Nos queda mucho por recorrer antes de convertirnos en una auténtica civilización de tipo 1. Sin embargo, según un cálculo reciente realizado por los investigadores del Laboratorio de Propulsión a Chorro, en el año 2371 nuestra civilización ya será del tipo 1, por lo que dese prisa e invierta en esas empresas de paneles solares[5].

La escala de Kardashev es útil porque estimula nuestra imaginación. Al plasmar en ella la evolución de las civilizaciones de una forma muy sencilla, podemos hacernos una idea de cómo podrían progresar todas ellas, incluida la nuestra. Las civilizaciones de tipo 3, las que utilizan galaxias enteras, parecen obra de dioses. Es difícil imaginar cómo se organizaría una civilización de tal nivel, pero Kardashev nos ha proporcionado una herramienta que al menos nos permite saber qué cosas hemos de tener en cuenta si queremos evolucionar.

Desde que Kardashev propuso su teoría, otros han recogido el testigo y han modificado o ampliado su escala. También se han sugerido otros enfoques diferentes. Mi grupo de investigación ha dedicado mucho tiempo a reflexionar sobre la importancia, no solo de la energía, sino también de la *entropía*. Se trata de un concepto relacionado con la segunda ley de la termodinámica, la que conocimos al hablar de las esferas de Dyson. Como hemos visto, cuando se utiliza energía para realizar algún trabajo, se desaprovecha parte de ella de una u otra forma. Entropía es el nombre que los físicos dan a esos desperdicios. Otro nombre es desorden. Básicamente, cada vez que se utiliza energía para realizar un trabajo y crear orden (por ejemplo, construir una ciudad), también se generan desperdicios y desorden en el proceso. En el caso de la construcción de una ciudad, se generan escombros y se hace mucho ruido. Ambos son ejemplos de entropía.

En la Tierra, el cambio climático es el resultado de generar entropía al utilizar una gran cantidad de energía para la construcción de nuestra propia civilización. Los estudios que ha realizado mi grupo de investigación han demostrado que este podría ser un problema común. Cualquier civilización similar a la nuestra podría verse obligada a tener que superar un problema climático. Si recoges suficiente energía, la segunda ley de la termodinámica creará una retroalimentación en el sistema climático de tu planeta. Y de esta forma se genera el cambio climático. Para nuestro trabajo utilizamos modelos matemáticos sencillos de planetas y civilizaciones para demostrar que es posible que todas las civilizaciones hayan desencadenado un cambio climático en su proceso de evolución. Podemos suponer que algunas de ellas han sido lo suficientemente inteligentes como para superar su crisis climática. Sin embargo, otras se habrán negado a aceptarlo o a actuar para revertir los cambios generados en el planeta por culpa de la cantidad de energía utilizada. Es posible que hayan acabado en el basurero cósmico de la historia. En cualquier caso, nuestros resultados eran coherentes con las ideas de Kardashev.

Es evidente que, en 1964, cuando ideó su escala, Kardashev no sabía que nuestro planeta iba a sufrir una crisis climática.

Nuestros resultados son coherentes con su escala, y la inclusión del cambio climático en ella ha demostrado que es una herramienta de gran utilidad. Al ofrecernos una primera aproximación a una escala universal de la evolución de las civilizaciones basada en la física, Kardashev también nos proporcionó una forma de concebir el problema en su conjunto. A medida que vamos aprendiendo cómo interactúan los planetas y las civilizaciones (de eso trata realmente el cambio climático), podemos añadir todos esos conocimientos y mejorar las ideas de Kardashev. Por eso su escala ha perdurado en el tiempo y por eso sigue siendo una herramienta muy poderosa para imaginar lo que antes era inimaginable: el avance de las civilizaciones tecnológicas a lo largo de escalas de tiempo cósmicas.

3

¿WTF* SON LOS OVNIS Y LOS FANI?

¿Cómo encajan (o no) en la búsqueda de alienígenas?

La fascinación pública por los ovnis empezó en 1947, cuando se produjo la primera gran ola de avistamientos. En la cultura popular, la conexión entre esos aparatos voladores y los extraterrestres fue inmediata. Cuando la gente hablaba de ovnis, de lo que realmente hablaba era de los extraterrestres que iban *en* los ovnis.

Sin embargo, la inmensa mayoría de científicos no se tomaron en serio esta conexión, pero ¿tenían motivos para hacerlo? ¿Hubo alguna vez una razón que justificara que los científicos interesados en la búsqueda de vida más allá de la Tierra incluyeran a los ovnis en sus estudios? Incluso si la conexión entre los ovnis y los extraterrestres fuera débil, ¿deberían haber sido estu-

---

* En este caso, WTF significa *«what the frack»,* una manera de decir *«what the fuck»,* evitando la palabra malsonante, que aparece en la serie *Galáctica: estrella de combate,* de la que soy un gran fan (la nueva versión de la serie, no la original de 1979, que era vergonzosamente estúpida, pero tenía grandes efectos especiales posteriores a *La guerra de las galaxias).*

diados desde un punto de vista científico simplemente porque eran cosas que mucha gente veía y se preguntaba qué eran en realidad? Sean cuales sean las respuestas que se dieron en su época, ahora hemos de decidir si actualizamos algunas de ellas debido a la enorme atención que han recibido los FANI (Fenómenos Aéreos No Identificados) o UAP (Unidentified Aerial Phenomena, el nombre oficial que el Gobierno estadounidense ha dado a los ovnis) durante los últimos años*.

Desde niño, estuve obsesionado tanto por los extraterrestres como por la *ciencia,* pero me volví muy escéptico respecto a los avistamientos después de leer las obras de mi superhéroe Carl Sagan. Uno de los mantras que más repetía Sagan, «las afirmaciones extraordinarias requieren pruebas extraordinarias», tenía mucho sentido para mí.

Había leído sobre los informes gubernamentales que ya hemos analizado en el primer capítulo y no veía razón alguna para cuestionar lo descubierto por el comité Condon. Y lo que es más importante, de niño también había leído *Carros de los dioses,* de Erich von Daniken, un libro que me causó una gran impresión. Durante un tiempo estuve convencido de que antiguos alienígenas habían visitado la Tierra y se lo contaba a todo el mundo (mi pobre padre tuvo que soportar muchas de esas conversaciones). Y entonces vi un documental de la PBS titulado *The Case of the Ancient Astronauts,* en el que auténticos arqueólogos analizaban los datos reales de la construcción de las pirámides, las cabezas de piedra de la isla de Pascua y esas líneas que forman figuras de animales en las llanuras de Nazca. La

* En algunas ocasiones, verá que FANI es el acrónimo de «fenómeno anómalo no identificado». Pero ¿cuántas veces van a cambiar de nombre? De momento, nos quedaremos con «aéreo».

conclusión fue que, en todos los casos, las afirmaciones de Daniken carecían de sentido. Sentía que me habían tomado el pelo, y eso, para alguien de Nueva Jersey, es el mayor de los pecados. Esa sensación hizo que me alejara definitivamente de toda esa gente que hace afirmaciones extraordinarias con datos que no valen ni un pimiento o, peor aún, que son una completa basura.

Cuando me hice mayor y realicé mis estudios universitarios y de doctorado, empecé a aprender cómo funcionaba la auténtica ciencia y me di cuenta de la enorme dimensión de la afirmación de Sagan. Me quedé impresionado (aunque sería más preciso decir «asombrado») cuando vi que las leyes de la física me permitían medir la temperatura de estrellas lejanas simplemente observando su color (las estrellas rojas son más frías; las azules, más calientes). No solo conocí el profundo poder que tenía la física para revelar la estructura del mundo, sino que también estaba empezando a ser consciente de la inmensa importancia que tienen los estándares de prueba. En aquel momento, la inmensa cantidad de fotos borrosas que aparecían, las historias tan difíciles de creer y la inclinación por una teoría de la conspiración asociada a los ovnis lograron que quisiera mantenerme al margen.

¿Y ahora qué? Ahora que el Gobierno admite que sus propios pilotos de la Marina avistan con cierta regularidad objetos en el aire que no pueden identificar, ¿ha llegado el momento de actualizar nuestra posición científica en el tema? Y si lo hacemos, ¿cuáles deberían ser nuestros próximos pasos?

En este capítulo vamos a hurgar un poco más en la historia para así poder entender por qué los ovnis tuvieron tan mala reputación científica. Hemos de reexaminar esos antiguos informes gubernamentales y luego analizar lo que está sucediendo ahora mismo con los avistamientos de FANI y cuáles pueden ser sus consecuencias. Nuestra primera tarea, sin embargo, es entender el efecto que causó el tema ovni en la búsqueda de inteligencia extraterrestre. La respuesta corta es que casi acaban con ella.

El «factor risitas»

Cómo la política y los ovnis casi acaban con la búsqueda de vida extraterrestre

Los ovnis ayudaron a convertir al SETI en un blanco fácil. Todos esos años de afirmaciones más que dudosas, bulos y la afición roswelliana por las conspiraciones de pacotilla crearon un trasfondo cultural que garantizaba que cualquier debate sobre biología extraterrestre provocara estupefacción y risas disimuladas. La vida alienígena pasó a ser un recurso cómico en los programas nocturnos de televisión.

Durante la primera etapa del SETI, en las décadas de 1960 y 1970, pioneros de este campo como Frank Drake, Carl Sagan y Jill Tarter siguieron adelante a pesar de todos los chistes y bromas que suscitaba el tema, y establecieron, sin miedo alguno, la base científica de la búsqueda de vida más allá de la Tierra. Durante un tiempo contaron con el apoyo gubernamental, pero no duró mucho. Un puñado de políticos se dieron cuenta de que podían utilizar el rechazo que causaban los ovnis y los extraterrestres con ojos de insecto que aparecían en las películas de serie B para aumentar su propia visibilidad atacando al SETI.

Sin embargo, durante esas emocionantes primeras décadas, diversas agencias gubernamentales estuvieron realmente interesadas en la búsqueda de vida extraterrestre. La NASA quería encontrar microbios en otros planetas de nuestro sistema solar (cuando fuera posible llegar a ellos). Y en cuanto al asunto de vida inteligente extraterrestre, la Academia Nacional de Ciencias acogió la reunión sobre comunicaciones interestelares en la que nació la ecuación de Drake. Hacia finales de la década de 1960 y principios de la de 1970, los científicos del SETI empezaron a colaborar con la NASA en otros aspectos, además de en la búsqueda radioastronómica de balizas alienígenas. Se estaba gestando el proyecto Cyclops (Cíclope), para el que se pretendía construir un conjunto compuesto por cientos de radiotelescopios lo suficientemente sensibles como para detectar señales débiles. Era algo sin precedentes en la búsqueda de vida inteligente entre las estrellas. Además, los científicos del SETI ayudaron a la NASA a diseñar nuevos tipos de telescopio que servirían para buscar exoplanetas.

Y entonces apareció la política.

William Proxmire era un senador demócrata de Wisconsin que disfrutaba de su fama como halcón en política monetaria. Creó el llamado Golden Fleece Award (premio Vellocino de Oro), que concedía a las agencias que financiaban cualquier cosa que él consideraba que era un despilfarro del dinero de los contribuyentes estadounidenses. Teniendo en cuenta que la mayoría de proyectos a los que apuntaba ya recibían una financiación ínfima, de lo que se trataba con este premio era de dirigir el foco hacia objetivos que no podían defenderse. En 1978, Proxmire se fijó en la exigua financiación del SETI de la NASA. Le concedió su premio y, dado que era un senador poderoso e influyente, consiguió que sus homólogos impidieran que la agencia aportara nuevos fondos al proyecto. Proxmire solo cedió cuando Carl Sagan, por entonces un científico famoso y muy respetado, intervino públicamente y se reunió con el senador para tratar el asunto[1]. El veto a la financiación del SETI se eliminó en 1983, pero los ataques públicos hacia el programa, al que calificaban de locura derrochadora, ya estaban en marcha.

Aunque tras el veto de Proxmire la financiación del SETI por parte de la NASA siguió siendo ínfima, otros políticos lo tenían en su punto de mira. En 1990, la NASA trató de aumentar los fondos del SETI de cuatro a 12 millones de dólares para llevar a cabo una nueva búsqueda en la región de microondas del espectro electromagnético. Aunque esa cantidad era poco más que calderilla para el presupuesto federal, algunos políticos volvieron a oler la sangre. Recurriendo a la relación del proyecto con los ovnis, el congresista republicano Silvio Conte, de Massachusetts, intentó acabar con su financiación afirmando que «[...] no necesitamos gastar seis millones de dólares este año para encontrar pruebas de la existencia de estas criaturas bribonas. Solo necesitamos 75 centavos para comprar un tabloide en el supermercado local».

Algo parecido ocurrió unos años más tarde cuando, en 1993, se asignaron finalmente 12 millones de dólares para una nueva búsqueda. Para no atraer más la atención del Congreso, al proyecto se le puso un nombre que no llamara mucho la atención: High-Resolution Microwave Survey. Por desgracia, Richard Bryan, senador demócrata por Nevada, se enteró de su existencia y pensó que era su gran oportunidad para salir en los titulares de prensa. Presentó una enmienda para anular el proyecto, anunciando que sería «el fin de la temporada de caza de marcianos a costa del contribuyente». Por supuesto, Bryan sabía que la NASA no planeaba dirigir sus telescopios hacia Marte, pero ¿a quién le importaba? Su ocurrencia era un gran titular, y de esa manera colocó al SETI en el mismo lugar de la esfera cultural en el que residían todos los fanáticos de los ovnis, desde los serios a los más tontos. El «factor risitas» había acabado una vez más con la búsqueda de vida en otros lugares del Universo.

Tras esos latigazos recibidos en público, la NASA se dio cuenta de que el SETI era, políticamente, un veneno. Aunque científicos del proyecto como Frank Drake y Jill Tarter hicieron todo lo posible para demostrar que su campo científico cumplía con todos los estándares de prueba, el daño ya estaba hecho. A pesar de que la agencia hizo lo que pudo durante las décadas siguientes, todos los investigadores sabían que era muy difícil obtener apoyo federal. Aun así, los científicos del SETI siguieron adelante recaudando fondos privados cuando podían, pero, a todos los efectos, la búsqueda se estaba agotando. El «factor risitas» había ganado.

La presión para reducir la financiación del SETI tuvo importantes consecuencias para la búsqueda de vida en el Universo porque, básicamente, acabó con ella. Para poder utilizar telescopios tan grandes hace falta mucho, mucho dinero. Al no tener financiación, el SETI no podía utilizar los telescopios. Por culpa de la política, durante la mayor parte de los últimos 70 años no hemos podido explorar nuestro firmamento.

No podemos negar el papel que desempeñaron los ovnis en el desarrollo de esta historia. Tal como lo expresó el historiador Steven Garber en un artículo que escribió sobre el SETI y la NASA, «[...] por culpa del "factor risitas", este campo de investigación siempre fue asociado erróneamente con los buscadores de "hombrecillos verdes" y "objetos voladores no identificados"». Por culpa de esta asociación, los astrónomos nunca tuvieron la oportunidad de iniciar una auténtica búsqueda. Ahora, tras los descubrimientos de los exoplanetas y la fabricación de los nuevos y potentes telescopios, todo ha cambiado. La búsqueda de inteligencia extraterrestre mediante radiotelescopios se ha convertido en una parte importante del nuevo campo de las tecnofirmas. Igual de importante es el hecho de que la NASA se haya lanzado de lleno a la búsqueda de biofirmas. Sin embargo, queda al menos una pregunta por responder: ¿ha cambiado algo en el tema ovni ahora que se les ha dado un nuevo nombre? Para responder a esa pregunta, necesitamos adoptar un enfoque mucho más amplio que nos permita diferenciar el grano de la paja e identificar a los trileros.

Bulos y embaucadores

Un buen timo nunca pasa de moda

El tema de los ovnis atrae a la gente por diversas razones. Algunas personas solo quieren saber qué hay detrás de los avistamientos que no se han podido explicar. Su búsqueda de respuestas, ya sean extraterrestres o mundanas, es honesta. Pero hay otras personas para las que los extraterrestres que supuestamente pilotan esos ovnis adquieren una dimensión casi religiosa, ya que, para ellas, son la solución a las grandes preguntas que no hemos podido responder. Sin embargo, a algunos, esa mezcla turbulenta de credulidad y asombro les ofrece un terreno fértil en el que sembrar una estafa. Ya sea por dinero, fama o diversión, la historia de los ovnis está llena de bulos muy populares. El hecho de que la fe de los verdaderos creyentes sea enormemente sólida, incluso después de que el engaño en el que creen es desvelado, es una de las razones que explican por qué los científicos no se han tomado en serio el tema. La vida es corta, y una investigación científica seria puede durar muchos años, incluso décadas. Eso significa que los investigadores deben dedicar toda su vida profesional a algo que merezca realmente la pena.

Uno de los rasgos distintivos de esos estándares de prueba tan importantes es que los buenos datos deben ser capaces de acabar con las ideas erróneas. Como científico, enseño a mis doctorandos que, si las observaciones lo exigen, deben abandonar sus ideas. Si las evidencias contradicen tu teoría, debes dejarla y seguir adelante. Así es como la ciencia nos enseña cuándo y cómo debemos cambiar de opinión. Es algo realmente hermoso. Pero no es lo que ocurre con los bulos sobre ovnis.

Esos bulos empezaron a aparecer con los primeros avistamientos. Uno de los más famosos fue el de la ciudad de Aztec, Nuevo México (nadie sabe por qué este estado aparece tantas veces en las historias sobre los ovnis). A finales de la década de 1940 y principios de la de 1950, cuando la moda de los ovnis estaba empezando, Silas M. Newton y Leo A. GeBauer viajaron por todo el país asegurando que habían recuperado artefactos que pertenecían a un platillo que se estrelló en las afueras de Aztec. Su objetivo era venderlos, ya que, según ellos, estaban hechos de un metal que poseía propiedades extraordinarias. Afirmaban que las máquinas que habían fabricado con su metal alienígena eran capaces de encontrar depósitos subterráneos de petróleo e incluso de oro. Y entonces, un columnista de *Variety,* Frank Scully, se enteró de la historia. Primero, publicó en la revista un relato sobre el accidente del ovni de Aztec y, más tarde, un libro, que se convirtió en *best seller,* titulado *Behind the Flying Saucers*. En él contaba que el accidente se produjo en 1948, a 19 kilómetros de la ciudad. Según él, no solo se recuperaron los restos del platillo, sino también los cuerpos de los aliens e incluso sus obleas de comida concentrada. Por supuesto, los militares lo ocultaron todo, incluso el origen venusino de la nave y los «principios magnéticos» con los que funcionaba.

Toda la historia era ridícula. Por ejemplo, Venus es un planeta infernal inhabitable cuyas temperaturas diurnas son de unos 370 °C, y las presiones atmosféricas de la superficie podrían aplastar un submarino nuclear. Está claro que no es un buen lugar para vivir. Pero lo que importa es que al ser citados en el artículo de Scully, el prestigio y la credibilidad de Silas Newton y Leo GeBauer aumentaron. Ambos utilizaron esta fama para vender sus falsos artefactos alienígenas a unos cuantos palurdos. Con el tiempo, se destapó el engaño, las víctimas hablaron y ambos hombres fueron condenados por fraude. Pero, como suele ocurrir con todo lo relacionado con los ovnis, ni siquiera las condenas pudieron enterrar definitivamente la historia. Todavía hoy se pueden encontrar personas que están convencidas de que un platillo volante se estrelló cerca de Aztec. Su principal argumento es un memorando enterrado entre los archivos del FBI en el que se habla de un informe no verificado sobre la recuperación de algunos platillos volantes en Nuevo México. La agencia nunca lo consideró lo suficientemente importante como para investigarlo, pero el conocido como memorando Guy Hottel, por el nombre del agente que se encargó de redactar el informe, sigue estando vigente para algunos verdaderos creyentes del tema ovni.

Nuevo México también fue el hogar de un engaño más moderno. En esta ocasión, los supuestos platillos volantes se estrellaron en las afueras de Roswell. En 1995, la cadena de televisión Fox emitió el documental *Autopsia a un extraterrestre*. La base del programa era una película granulada que pretendía ser una filmación real en la que aparecían científicos del Gobierno examinando dos cuerpos de alienígenas reales. En el documental se afirmaba que aquellos eran los extraterrestres que se recuperaron en el lugar del accidente de Roswell. Un empresario británico llamado Ray Santilli aseguró que la película se la dio un veterano cámara que estuvo presente en la autopsia. Las imágenes eran bastante gráficas, lo que aumentó su atractivo. Los aliens, con sus cabezas triangulares, sus bocas abiertas y sus grandes ojos sin vida, aparecen desnudos (¡ostras!), lo que permite ver los daños sufridos por sus cuerpos, seguramente por culpa del accidente. Era el material ideal con el que tener pesadillas, pero tuvo tanto éxito que la Fox lo emitió tres veces.

Por desgracia, no todo iba bien en la morgue alienígena. Varios periodistas desconfiados intentaron profundizar en la historia. Diez años después, se emitió otro documental, de una hora de duración, en el que se explicaban todos los detalles del caso. Ray Santilli admitió en él que su película era una «reconstrucción». Los cuerpos alienígenas habían sido esculpidos utilizando moldes rellenos de sesos de oveja, mermelada de frambuesa y vísceras de pollo (¡qué sabroso!). El supuesto laboratorio secreto del Gobierno de 1947 era en realidad el salón de una casa de Londres en 1995[2]. Después de grabar todas las escenas, los cadáveres falsos de los aliens se trocearon al estilo *Los Soprano* y se arrojaron en cubos de basura dispersos por toda la ciudad.

Pero, aunque se reveló la verdad, la historia seguía viva. Hoy en día, todavía hay personas que creen que un platillo volante se estrelló en Aztec, Nuevo México, y que lo que aparece en el documental *Autopsia a un extraterrestre* es real. Evidentemente, cada cual puede creer en lo que quiera y por las razones que encuentre oportunas (mientras no se dañe a nadie). Pero esta clase de credulidad es la que hizo que el tema ovni fuera considerado tóxico por la comunidad científica. Cualquier científico que quiera investigar un caso que parezca interesante tiene que justificarse ante sus compañeros diciendo algo así: «Sí, todo lo demás son chorradas, pero este caso merece que se le preste atención».

Necesitará suerte.

Y si puedes superar ese obstáculo, luego te presionarán los auténticos creyentes para que reconozcas que *Autopsia a un extraterrestre* es real y que los extraterrestres ya están en la Tierra. Así pues, si queremos comprender la situación actual en la que los ovnis se han convertido en FANI y en la que el Gobierno está totalmente convencido de su existencia, hay que saber qué es lo que ha sucedido en este campo durante las últimas décadas.

La crítica de McDonald

Entonces, esos casos inexplicables...

A pesar de todos esos bulos, las teorías conspirativas y la gran cantidad de fotos borrosas de platillos que no sirven de nada desde un punto de vista científico, se producen avistamientos de ovnis que siguen siendo bastante extraños. Ya que estamos a punto de empezar a explicar la frenética historia de cómo se convirtieron los ovnis en FANI, vale la pena recordar algunos de esos casos y a un científico llamado James McDonald, quien luchó insistentemente para que la comunidad científica no los olvidara.

Todo empezó con una misión de entrenamiento rutinaria para la tripulación del bombardero RB-47. Los seis hombres de las Fuerzas Aéreas que iban a bordo estaban a pocos días de trasladarse a su nuevo destino, en Alemania, hacia donde partirían desde la base aérea de Forbes en Topeka, Kansas. Era el

17 de septiembre de 1957, y el bombardero volaba a gran altura atravesando, durante la madrugada, el cielo de Misisipi[3]. Mientras el avión se dirigía hacia la costa, el operador del radar captó el rastro de un objeto situado en el golfo, a unos pocos kilómetros de distancia. Poco después, tanto el piloto como el copiloto vieron lo que parecían ser las luces de aterrizaje de una pequeña nave que volaba justo delante de ellos. De pronto, las luces se apagaron. La tripulación, desconcertada, llamó por radio a las estaciones de radar situadas en tierra para ver si captaban algo. La respuesta inmediata fue que sí, que detectaban que había *algo* volando en el cielo junto a ellos.

Entonces, delante del bombardero apareció una luz roja cegadora «tan grande como una casa». Allí permaneció, viajando al lado del avión durante casi un minuto. Y, de repente, la luz se apagó. El radar dejó de detectar el objeto. La tripulación, aturdida, empezó a rastrear la zona, tratando de encontrar de nuevo «eso», fuera lo que fuera. Sin previo aviso, la extraña luz volvió a aparecer y siguió la trayectoria de vuelo original del bombardero. Tanto los radares de tierra como el del avión volvieron a detectarlo. Pasados otros diez minutos, la luz y los rastros del radar desaparecieron por completo, esta vez para siempre.

Esta historia produce escalofríos. Y más importante aún, es una parte fundamental de un trabajo que criticaba el famoso informe Condon sobre ovnis del que hemos hablado en el primer capítulo. Su autor fue James McDonald, un físico muy conocido y, por aquel entonces, muy respetado. Antes de entrar en el tema ovni, McDonald ya había creado el Instituto de Física Atmosférica en la Universidad de Arizona. Todos los especialistas de este campo le conocían y confiaban en él. Pero, además, él mostraba interés por una gran variedad de temas, y esto le llevó finalmente a investigar los ovnis como fenómenos atmosféricos. Los estudió durante años, aceptando y rechazando varias veces la hipótesis extraterrestre. Sin embargo, McDonald siempre creyó que los ovnis merecían un estudio científico más profundo. Desde esa perspectiva, se convirtió en un crítico declarado del informe Condon, el que por entonces era considerado el estudio científico definitivo sobre los ovnis. En 1969, McDonald intervino en una conferencia sobre el asunto organizada por la Asociación Estadounidense para el Avance de la Ciencia, donde criticó el modo en el que trató el comité Condon los avistamientos incluidos en la categoría de «inexplicables». En palabras del propio McDonald:

> Durante los 22 años transcurridos desde la primera oleada de avistamientos de ovnis en el verano de 1947, no se ha llevado a cabo ninguna investigación científica seria sobre el tema. A pesar del continuo interés mostrado por la opinión pública, y a pesar de la preocupación generada, tanto en este país como en el extranjero solo se han llevado a cabo análisis bastante superficiales del número, cada vez mayor, de informes inexplicables sobre ovnis basados en testigos creíbles.

McDonald criticó que el trabajo realizado tanto por las Fuerzas Aéreas como por el comité Condon fuera claramente deficiente a la hora de analizar los casos más desconcertantes. Al principio, McDonald apoyó el trabajo de dicho comité y pudo acceder a todos los archivos del proyecto Blue Book, lo que aumentó la credibilidad de esas afirmaciones. Además, se encargó de volver a buscar y entrevistar a muchos de los testigos implicados en esos casos.

Plasmó ese discurso en un artículo titulado «Science in Default»[4]. Dos miembros de nuestro equipo de tecnofirmas de la NASA, Jacob Haqq-Misra y Ravi Kopparapu, me pasaron una copia. Ambos son unos científicos excelentes, y creen que para estudiar los FANI hay que adoptar un enfoque puramente agnóstico. He de reconocer que después de leer el artículo de McDonald e investigar su carrera, mi postura sobre el tema se suavizó. Mi experiencia con casos como el de Roswell, un sumidero de conspiraciones en el que «cualquier cosa era considerada una prueba», me llevó, como a muchos otros científicos, a mantenerme alejado de todo lo relacionado con los ovnis. Pero tras leer «Science in Default» vi que los informes gubernamentales anteriores carecían de fundamento. Se debería llevar a cabo un estudio completo, abierto y transparente de los ovnis/FANI. El objetivo no sería demostrar que los ovnis son naves extraterrestres. Eso sería asumir una respuesta de antemano. En lugar de eso, lo que había que hacer era averiguar qué pueden aportarnos los datos y decidir cómo obtener más y de mejor calidad.

Como ocurre siempre, pasar de creer que se trata tan solo de una extraña historia a asegurar que existen civilizaciones alienígenas cuyas naves pululan alrededor de nuestros aviones supone dar un salto tan enorme que a la ciencia no le basta con un puñado de relatos. McDonald nos presenta historias que son de por sí bastante inquietantes. Por ejemplo, en algunas de ellas, el radar detectó la presencia de ovnis mientras varios testigos los veían con sus propios ojos. Pero al final nos hemos quedado con que son tan solo historias. Aun así, McDonald tenía razón. Es mejor contar con una ciencia sólida. Y para seguir su consejo en este tema, analicemos esos vídeos de la Marina estadounidense y veamos cómo se pasó de los ovnis a los FANI.

Los ovnis se convierten en FANI

El inicio de la era moderna

El 16 de diciembre de 2017 se desató el caos. Eso ocurrió cuando el periódico más eminente, sobrio y respetable de todos, *The New York Times,* anunció que los ovnis eran reales.

En el artículo, titulado «Glowing Auras and "Black Money": The Pentagon's Mysterious UFO. Program», explicaban que el Gobierno estadounidense quería averiguar qué eran todos esos misteriosos objetos voladores. El Departamento de Defensa diseñó un programa que parecía ser el primer intento serio de abordar este tema desde la época del proyecto Blue Book y el informe Condon[5]. Lo que resulta todavía más sorprendente es que en los vídeos que acompañaban al artículo aparecían pilotos de la Marina estadounidense rastreando extraños objetos sobre el océano. En uno de ellos se podía escuchar a los pilotos exclamar: «¡Dios mío!» o «¡Hay toda una flota!»[6]. De repente, parecía que los ovnis eran reales y, por asociación, también lo eran los extraterrestres. Había empezado la era de los Fenómenos Aéreos No Identificados o FANI (Unidentified Aerial Phenomena o UAP en inglés), la nueva denominación que el Gobierno dio a los ovnis.

Hay mucho que explicar, incluido lo que estaba sucediendo con ese «misterioso» programa ovni del Gobierno. Pero empecemos por lo más importante y divertido: los FANI basados en hechos reales.

Lo que hizo que el reportaje de *The New York Times* pareciera tan convincente fue que venía acompañado de vídeos de las cámaras de los aviones de la Marina. El primero de ellos fue grabado en 2004, frente a la costa sur de California, con una Cámara de Infrarrojos de Barrido Frontal (FLIR, por sus siglas en inglés) por un piloto del USS Nimitz. El suceso comenzó cuando otros dos aviones de la Marina avistaron un objeto de color blanco y forma ovalada situado sobre el océano. Cuando uno de ellos se le acercó, el objeto empezó a elevarse y siguió el movimiento de los aviones antes de alejarse a gran velocidad. Más tarde, llegó otro grupo de aviones y uno de sus pilotos rastreó el objeto con su cámara FLIR, grabando el vídeo que apareció con el artículo (este piloto nunca vio el objeto directamente). El segundo vídeo y un tercero publicado más adelante, llamados GIMBAL y GOFAST, fueron grabados en 2015 frente a la costa este de Estados Unidos por pilotos del portaaviones USS Theodore Roosevelt. A lo largo de tres semanas, diversos pilotos de la Marina estadounidense informaron de avistamientos de FANI en esa zona casi a diario.

En cuanto al contenido, en el vídeo FLIR aparece una imagen monocromática borrosa de un objeto con forma ovalada que la cámara intenta mantener continuamente en el centro del encuadre. Resulta muy difícil distinguir el fondo, las nubes, el cielo o el mar. No hay audio. El vídeo GOFAST es más interesante. La cámara hace un barrido de lo que está claro que es la superficie del océano cuando un puntito blanco cruza rápidamente la pantalla. La cámara gira, intentando captar el objeto mientras se oye a alguien exclamar: «¡Sí! ¡Lo tengo!». La cámara sigue el rastro del objeto, el cual parece desplazarse a gran velocidad sobre las crestas de las olas. Y luego está el vídeo GIMBAL, en el que aparece un objeto blanco, borroso y oblongo que recuerda a un caramelo Tic Tac® deforme. Rastrean el objeto constantemente en el cuadro central de la cámara mientras el fondo, que parece ser un paisaje nuboso, se va desplazando. Se oyen unas voces que se supone que son las de los pilotos, comentando con excitación cómo se mueve el objeto contra el viento:

«Mira eso, tío», dice una voz, mientras el Tic Tac®, que parece un platillo por su perfil longitudinal, gira de un lado a otro.

Cuando se ven por primera vez, los vídeos ponen los pelos de punta, sobre todo cuando los pilotos muestran su asombro. Igual de provocativas son las entrevistas que les hicieron posteriormente a esos mismos pilotos. En un segmento del programa *60 Minutes,* los pilotos David Fravor y Alex Anne Dietrich describen su encuentro con esos objetos. Fravor le dice al entrevistador, Bill Whitaker: «Le dije: "Tío, ¿ves esa cosa de ahí abajo?"». Dietrich añade lo siguiente: «Tu mente intenta dar un sentido a lo que estás viendo. Puede que sea un helicóptero o un avión no tripulado. Y entonces desapareció. Quiero decir que fue...», y no terminó su frase. Cabe destacar que Dietrich no había hablado nunca antes públicamente sobre el encuentro. Tímidamente, le dijo al entrevistador: «No se lo tome a mal, pero nunca quise salir en la televisión nacional». Y luego explicó por qué lo contaba ahora: «Estaba en un avión del Gobierno. [...] Estaba de servicio, y creo que tengo la responsabilidad de compartir lo que vi»[7].

Según la historia original publicada en *The New York Times,* este tipo de encuentros se convirtió en el principal objeto de estudio del Programa de Identificación de Amenazas Aeroespaciales Avanzadas del Pentágono (AATIP, por sus siglas en inglés), creado en 2007. Su origen se remonta a las conversaciones de Harry Reid, senador demócrata por Nevada, con su amigo de toda la vida, Robert Bigelow, multimillonario y contribuyente de sus campañas. Bigelow estaba interesado desde hacía tiempo tanto en los proyectos espaciales comerciales como en el tema ovni y lo paranormal. Además, es propietario de una empresa que construyó hábitats espaciales hinchables probados en la Estación Espacial Internacional. Reid, con el apoyo de otros dos senadores, presentó un proyecto de ley con el que se pedían 12 millones de dólares (una cantidad ínfima para el Pentágono) para financiar un estudio sobre ovnis. En el artículo sugieren que el AATIP es el fruto de ese proyecto de ley. Lógicamente, la mayor parte de los fondos fueron a parar a la empresa de Bigelow, que se encargaría del estudio, pero se supone que el AATIP dirigió el programa. Y así es como entra en esta historia Luis Elizondo, antiguo agente de inteligencia.

Según *The New York Times,* Elizondo era quien dirigía el AATIP. En muy poco tiempo se convirtió en el rostro mediático de la tormenta desatada alrededor del fenómeno FANI. Apareció en un reportaje de la CBS y en numerosos artículos periodísticos y documentales. Elizondo dirigió el AATIP hasta 2012, año en que se agotaron los fondos, pero asegura que siguió trabajando con la Marina y la CIA hasta que dimitió como protesta porque, según él, el Gobierno no se estaba tomando lo suficientemente en serio las implicaciones de los FANI. «¿Por qué no estamos dedicando más tiempo y esfuerzos a este asunto?», preguntaba Elizondo en su carta de dimisión. Al final del artículo aparece una descripción de los edificios de las instalaciones de Bigelow que tuvieron que ser modificados para albergar «aleaciones metálicas y otros materiales que el señor Elizondo y los contratistas del programa dijeron que habían recuperado». Si esto no le ha sorprendido lo suficiente, el siguiente párrafo del artículo incluye una impresionante cita de Harold E. Puthoff, un ingeniero que trabajó con él en el programa: «Nuestra situación sería la misma en la que se vería Leonardo da Vinci si le diéramos un mando a distancia para abrir la puerta de un garaje».

La idea de que un programa especial del Gobierno cuyo objetivo es estudiar ovnis albergue en sus instalaciones extraños materiales recuperados de dichos objetos voladores es, cuanto menos, impactante. Como era de esperar, en Internet y, por lo tanto, en todo el mundo, se desató la locura. Después de la primera noticia vinieron muchas otras. Eso hizo que la comunidad ovni se sintiera por fin reivindicada. Pero los más escépticos se quedaron con ganas de saber más: por ejemplo, ¿dónde demonios *están* los fragmentos de los FANI? ¿Cuándo podremos verlos? En general, todo el mundo tenía muchas preguntas. ¿Revelaría por fin el Gobierno todo lo que sabe sobre los ovnis (FANI)? Y lo que es más importante, ¿estamos realmente a punto de obtener pruebas de que los extraterrestres existen? Era una locura. Sin embargo, como suele ocurrir con todo lo relacionado con los ovnis, la niebla nunca se despeja del todo.

En cuanto al AATIP y los programas gubernamentales sobre los FANI, todo se volvió bastante confuso. En un artículo publicado en junio de 2019 en *The Intercept,* el periodista Keith Kloor reprodujo una declaración del portavoz gubernamental: «El señor Elizondo no tenía responsabilidad alguna en el programa AATIP»[8]. Además, como detalla Sarah Scoles en su excelente libro *They Are Already Here,* a otros investigadores les costó mucho encontrar información *alguna* sobre el AATIP. Ni siquiera pudieron averiguar cuál era el propósito real del programa[9]. Una buena parte de ese trabajo lo realizó John Greenewald Jr., que utilizó la Ley de Libertad de Información (FOIA, por sus siglas en inglés) para investigar extensamente la actividad gubernamental en materia de ovnis. ¿Estaba el AATIP más centrado en las amenazas convencionales, tales como el avanzado *hardware* militar de adversarios terrestres como Rusia o China? ¿O su principal objetivo eran los ovnis que «podían transportar extraterrestres»? Un portavoz del Pentágono le dijo a Greenewald: «Según toda la información de la que dispongo ahora, cuando se puso en marcha el proyecto, el objetivo del AATIP no era el estudio de los Fenómenos Aéreos No Identificados». Dado que el Gobierno ha utilizado tantas veces el tema ovni para desinformar y despistar a la opinión pública, es difícil saber cuál es la verdad. Elizondo, por su parte, presentó una denuncia ante el Pentágono en la que acusaba al Gobierno de orquestar una campaña para desacreditarle por hablar sobre la cuestión[10].

Claro que, aparte de los programas gubernamentales, lo que realmente importa son los avistamientos en sí. ¿Qué debemos pensar de los pilotos entrenados por la Marina que afirmaron ver, casi a diario, cosas que no podían identificar ni explicar? ¿Qué vieron ellos y qué detectaron sus instrumentos? Y lo que es más importante, ¿son pruebas fiables de la presencia de extraterrestres? Los debates sobre este asunto siempre incluyen sentencias del tipo «por un lado [...] pero por otro lado», y tanto creyentes como escépticos reciben la misma información, pero sacan conclusiones bien distintas. Para los primeros, las imágenes captadas por las cámaras son una prueba fehaciente de que estos objetos se desplazan de una forma que ninguna tecnología terrestre podría imitar. Además, esos objetos no dejan rastros de su propulsión, aunque sí que poseen una gran aceleración.

En cambio, los escépticos señalan que muchos de los efectos observados en los tres vídeos se pueden atribuir a la propia cámara. Después de realizar pruebas en el laboratorio, Mick West, investigador independiente y divulgador científico, cree que los aspectos más sorprendentes de los vídeos se deben a los mecanismos internos de las cámaras[11]. Los sensores de los aviones están diseñados para girar con el fin de mantener siempre fijo el objetivo. Por lo tanto, los movimientos de esta, junto con la óptica interna de los sensores y algunos efectos físicos como el paralaje (el cambio de perspectiva cuando los objetos situados en primer plano se mueven sobre fondos distantes), pueden explicar en gran medida lo que se ve en los vídeos. Además, los escépticos dirán que no sabemos cuál es el contexto de cada uno de esos vídeos. Cuando los hacen públicos están «preparados», alguien ha editado tanto la imagen como el audio, por lo que tenemos que dar por sentado que es real y que se grabó en tiempo real. Tampoco sabemos casi nada sobre los instrumentos específicos de los aviones y la historia de cada uno de ellos. ¿Han pasado por algún tipo de mantenimiento recientemente? ¿Se ha actualizado su *software?* La historia de la ciencia está llena de descubrimientos asombrosos que quedaron en nada cuando se limpiaron y calibraron los sensores. Dada la importancia mundial que tendría llegar a la conclusión de que existe vida extraterrestre y que algunos alienígenas están visitando nuestro planeta, es necesario contar con pruebas más sólidas que un puñado de vídeos editados de los que desconocemos sus datos originales y el estado de los instrumentos que los tomaron. Por muy convincentes, interesantes y emocionantes que puedan ser los vídeos y los testimonios, ninguno de ellos es el tipo de prueba que necesitamos para asegurar que los FANI tienen algo que ver con los extraterrestres. Esos vídeos no nos proporcionan ningún dato concreto que nos haga pensar que los «objetos» son reales y no un efecto de los instrumentos. Está claro que no nos proporcionan la clase de información que necesitamos para saber si los movimientos de esas cosas (por ejemplo, sus aceleraciones) están basados en tecnologías que los humanos no poseemos.

Como respuesta al alboroto que ellos mismos generaron, poco después de que todo esto saliera a la luz, el Gobierno federal publicó rápidamente un nuevo informe sobre ovnis[12]. Resultó ser bastante escueto, de solo unas nueve páginas. Por un lado, el informe admitía que el Gobierno había contabilizado más de 100 avistamientos que no se podían explicar. Pero, por otro lado, también señalaba que no existían pruebas de que fueran de origen extraterrestre. Una vez más, dependiendo del punto de vista adoptado por cada uno, se trataba de una gran victoria o simplemente añadía más confusión al tema. De hecho, en un artículo posterior publicado en la prestigiosa revista *Science*[13], se explicaba que el científico encargado de escribir el informe era un defensor de los fenómenos paranormales que había aparecido muchas veces en ese auténtico despropósito (desde el punto de vista de la ciencia) que es *Alienígenas ancestrales,* un programa al que me han invitado muchas veces, pero al que siempre he rechazado ir. Eso hizo que muchas personas se preguntaran hasta qué punto los autores del informe se habían esforzado por *tratar de* explicar cosas que en el fondo eran inexplicables. Está claro que no contaban con los expertos científicos más adecuados.

Por otro lado, en el verano de 2023 se produjo otra tormenta mediática en torno al tema ovni cuando David Grusch testificó ante una audiencia de la Cámara de Representantes del Congreso de Estados Unidos. En algunas entrevistas que concedió, Grusch afirmó primero que, durante un tiempo, Estados Unidos había estado recogiendo ovnis estrellados. La idea de que el Gobierno guarda artefactos de extraterrestres, o al menos artefactos «no humanos», ya sería bastante impactante. Pero más adelante, Grusch aseguró que los aliens habían participado en algunos «sucesos malintencionados» en los que podrían haber resultado heridas algunas personas. Sin duda, son acusaciones bastante extraordinarias, por decirlo suavemente. Pero, una vez más, no se presentaron pruebas directas. Las afirmaciones de Grusch estaban basadas en simples rumores. Nunca vio ninguna de esas naves estelares, pero dijo que había hablado con gente que había hablado con gente que…

Si tuviera que apostar, lo haría a que el capítulo ovni de Grusch acabará como tantos otros antes. ¿Recuerda el documento «The Estimate of the Situation» del que hablamos en páginas anteriores cuando comentamos los informes anteriores del Gobierno? Según un confidente del propio Gobierno, se trata de un informe gubernamental secreto cuya conclusión fue que los alienígenas eran interplanetarios. Pero no se ha encontrado ninguna copia del informe. Y mientras algunos agentes de inteligencia dirían que Grusch tiene razón, otros han dicho que son fantasías sin fundamento. Por lo tanto, el viejo dilema (son extraterrestres/¡oh!, no, no lo son) se está dirimiendo dentro del Gobierno una vez más. Al final, dudo que tengamos pronto alguna prueba contundente, como una pieza de una tecnología «alienígena», que los científicos puedan analizar. Ojalá me equivoque, pero esto parece un episodio de *Expediente X*.

¿Dónde nos deja todo esto? ¿Ha cambiado algo realmente en lo que respecta a los ovnis y a los FANI? ¿Estamos en un punto de inflexión en el estudio de este tema o se trata tan solo de otra subida en ese ciclo que se viene repitiendo desde 1947, compuesto por un súbito interés seguido por una etapa de decepción? A pesar de las tonterías de algunas personas que tienen intereses personales en este asunto, *creo* que algo ha cambiado. El hecho de que se permita hablar a los pilotos militares sobre lo que han observado es, en mi opinión, algo positivo. Independientemente de lo que sean realmente los FANI, es necesario informar con claridad, lo que facilitará sin duda que la investigación científica sea igual de transparente. Esa es la única forma de que progresemos. Mientras escribo estas palabras se han puesto en marcha algunas investigaciones, incluida la creación de un comité de la NASA sobre el tema. Cuando el comité de la NASA celebró su primera reunión pública en el verano de 2023, presentaron un análisis de los tres famosos vídeos de la Marina sobre los FANI. Utilizando algunos métodos básicos de geometría, determinaron que el objeto que aparecía en el vídeo GOFAST y que daba la impresión de que se desplazaba a gran velocidad rozando el agua estaba en realidad a casi cuatro kilómetros de altura y se movía a unos 65 kilómetros por hora (la velocidad del viento en ese momento). Esa velocidad no tiene nada de extraterrestre. Yo puedo alcanzarla con mi bicicleta de montaña cuesta abajo y sin pedalear. Más aún, el comité dijo que solo del 2 al 5 % de los avistamientos fueron considerados «de origen posiblemente desconocido». Estas conclusiones demuestran que utilizando solo un poco de ciencia se puede llegar muy lejos. Si lo hacen bien, tanto el comité de la NASA como otros similares, proporcionarían una demostración magistral de cuán imparcial es la exploración científica auténtica. En un mundo lleno de negacionismo científico que abarca muchos temas, conseguir algo así sería muy importante.

De esta manera, hemos llegado a la siguiente gran pregunta: si esta nueva ola de avistamientos protagonizados por miembros de la Marina no nos aporta lo que necesitamos saber para abordar la cuestión extraterrestre, ¿qué tipo de datos necesitamos y cómo podemos obtenerlos?

Cómo obtener información real sobre los ovnis

Cómo tendría que ser un estudio auténticamente científico

La diferencia más importante entre este repunte en el interés por los ovnis (o despliegue publicitario, según se mire) y los anteriores es la implicación del Gobierno. Desde los mandatos legislativos hasta los programas del Pentágono (sean cuales sean sus verdaderas intenciones), en esta ocasión parece que las agencias gubernamentales están dispuestas a ser algo más honestas que en el pasado, ya que admiten que han visto algo pero que no saben qué es. Eso es muy importante por una razón fundamental: el dinero.

Para realizar un estudio científico serio sobre los FANI va a ser necesario contar con una financiación tal que no podrá ser asumida por el sector privado. Suponiendo que el Gobierno estuviera dispuesto a destinar fondos para que se lleve a cabo una exploración científica transparente, ¿cómo se haría? Es una gran pregunta, porque ya hay algunos grupos que se están planteando realizar una investigación de este tipo.

Sin embargo, lo primero y más importante que usted debe saber es qué es lo que *no se hará* en estos proyectos. No se va a intentar demostrar que los ovnis son pilotados por extraterrestres. Descubrir que los ovnis son todoterrenos extraterrestres sería tan solo un posible punto final de un proyecto cuyos investigadores deben ser inicialmente *escépticos* respecto a este tema. El primer paso para realizar buena ciencia es no tener ideas preconcebidas.

Es muy diferente a decir, por ejemplo: «¿Ves esto? No sabemos qué es, pero esperamos que sean elfos vikingos de la Dimensión 9, así que busquemos pruebas que demuestren que tenemos razón». Como dicen en *Dune,* el clásico de ciencia ficción, «un comienzo siempre es un momento muy delicado». Cuando se inicia un proyecto hay que saber cuál es su objetivo, y este no es demostrar tu hipótesis favorita. Hay que ir adonde te lleven los datos: esa es la misión.

Así pues, tenemos todos esos objetos no identificados moviéndose rápidamente alrededor de nuestro avión. ¿Cómo podemos averiguar qué son? Irónicamente, lo que se necesita hacer para llevar a cabo una búsqueda auténticamente científica de los FANI es muy similar a lo que nos piden a mis compañeros y a mí cuando buscamos biofirmas y tecnofirmas en mundos lejanos. Lo que se necesita es obtener, con *instrumentos verificados, datos rigurosos* recogidos mediante una *estrategia de búsqueda racional.* Empecemos por la parte inicial de la frase, y centrémonos en los instrumentos verificados.

Si, un bien día, mis homólogos detectan una biofirma en un mundo alienígena, lo habrán hecho utilizando un detector de luz colocado en un telescopio. Ese aparato será un instrumento científico del que se conocerán todos los detalles en cuanto a funcionamiento. Los astrónomos sabrán si responde bien a la luz infrarroja de longitud de onda larga y a la luz visible de longitud de onda más corta. También sabrán cómo se comporta a 4 °C y cómo cambia su comportamiento a 15 °C. La lista de todas las características del instrumento será larga y muy aburrida, pero si vas a afirmar que tu instrumento ha detectado algo asombroso, más vale que conozcas cada detalle de ese aparato.

Si vamos a poner en marcha un programa de investigación sobre los FANI, necesitamos disponer de un montón de instrumentos que hemos de conocer a la perfección. Pero ¿de qué tipo? Eso depende de la clase de datos que queramos obtener. Está claro que vamos a necesitar captadores de imágenes (cámaras). También queremos que esas imágenes estén tomadas en tantas longitudes de onda como sea posible. La luz visible nos sirve porque es en la que trabajan nuestros ojos y, además, atraviesa con cierta facilidad nuestra atmósfera. Igualmente, necesitamos luz infrarroja para las señales de calor, como las producidas por la propulsión u otras fuentes térmicas. Además de las imágenes, también podríamos buscar ondas de radio emitidas por los objetos, ya que la radio es muy buena tanto para las comunicaciones como para la detección (el radar, por ejemplo, utiliza longitudes de onda de radio). Y hay más. Necesitamos información muy precisa sobre el movimiento, para así poder rastrear las velocidades y, lo que es más importante, sus cambios (aceleraciones y desaceleraciones). Con todo esto tendremos información sobre las fuerzas que intervienen, lo que nos puede indicar cuál es la tecnología utilizada en la propulsión. Cualquiera que sea el equipo que elijamos, dispondremos de un conjunto de instrumentos listos para recoger datos rigurosos.

Y ahora pasemos a la última parte: la estrategia para llevar a cabo una búsqueda racional. Tenemos tres opciones. Podemos mirar hacia arriba, hacia abajo o por todas partes. Sé que parece una estupidez, y puede que usted se esté preguntando quién fue el tonto que me dio el doctorado, pero permítame explicarme. Mirar hacia arriba significa desplegar nuestros instrumentos como si fueran estaciones terrestres. Podríamos colocar cámaras y radares orientados hacia arriba en una cuadrícula situada en diversas franjas del país o podríamos concentrarlas en lugares en los que parece haber más actividad ovni, como son, por ejemplo, las bases militares o zonas del océano donde se realizan ejercicios navales. Se quedarían allí recogiendo datos todo el tiempo (algo muy caro) o solo cuando se activasen por algún tipo de alerta. También podríamos instalar una red de satélites que observaran la Tierra desde arriba con diversos detectores (eso sería lo que he denominado «mirar hacia abajo»). Podrían estar continuamente vigilando o esperando a ser activados por alguna señal. Por último, podríamos equipar montones de aviones (privados y militares) con sensores diseñados para la búsqueda que queremos llevar a cabo. Esa es la estrategia de búsqueda por todas partes. Todos estos sensores, una vez activados, puede que por pilotos que vean algo desde su cabina, podrían incluso ser los que activaran a su vez los sistemas terrestres y por satélite.

Ya se está trabajando en la elaboración de planes como estos. Gracias al proyecto Galileo, dirigido por Avi Loeb, astrónomo de Harvard, se están construyendo versiones a menor escala de estaciones terrestres orientadas hacia el cielo. Se han inspirado en el trabajo de científicos especializados en meteoros, los cuales ya disponen de un sistema de detección terrestre. Además, la NASA ha encargado a un grupo de científicos e ingenieros que estudien cómo podría ayudar su red de satélites. La NASA ya está estudiando la Tierra por temas como el cambio climático.

¿Qué ocurrirá cuando tengamos todos esos petabytes de imágenes e información sobre la velocidad de los supuestos objetos? La respuesta es a la vez sencilla y complicada. Hemos de buscar alguna anomalía. Por ejemplo, buscaremos aceleraciones de un objeto detectado en imágenes de longitud de onda múltiple (por lo que sabemos que es real) que no se puedan obtener con ningún motor conocido. Las mayores aceleraciones que puede alcanzar un misil aire-aire son del orden de unos cientos de *g*. ¿Consiguen los FANI detectados aceleraciones mayores? Sería aún más impresionante verlo girar a una velocidad tan enorme que destrozaría cualquier metal conocido por los humanos. Eso indicaría que algo raro está ocurriendo. Otra opción es buscar movimientos estacionarios sin señales de propulsión. Si se observase un objeto bien caracterizado (es decir, detectado en múltiples longitudes de onda) suspendido en un lugar, sin duda se dispararían todas las alarmas.

Una vez que nos hemos asegurado de que estas detecciones no son artefactos causados por los instrumentos, las partes más complicadas serán los métodos utilizados para recoger datos y los algoritmos de análisis de toda esa información. No hay que olvidar que es posible que recojamos una inmensa cantidad de datos. Clasificarlos todos para poder detectar así alguna anomalía, una señal que destaque por encima de todo ese ruido, puede ser una tarea ingente. Pero como dicen en *The Mandalorian* (¿a quién no le encanta Baby Yoda?), «este es el camino».

Así es como se lleva a cabo un programa de investigación científicamente auténtico, destinado a llegar a la raíz del misterio ovni/FANI. En cuanto a los pilotos de esas naves..., esa es otra historia.

4

¿Y SI RESULTA QUE *SON* ALIENÍGENAS?

Si los ovnis son extraterrestres, ¿cómo han llegado hasta aquí y qué diablos están haciendo?

Los aliens no son magos. Lo que hagan, por muy milagroso o extraño que nos parezca, estará basado en la física, la química, la biología, etcétera. La física, la química y la biología de los extraterrestres pueden ser totalmente diferentes de cualquier cosa que hayamos imaginado. Puede que sus conocimientos sean tan avanzados que, en comparación, les parezcamos amebas tratando de hacer algunos cálculos. Pero, en el fondo, lo que hagan ellos estará basado en la ciencia. El cosmos en el que vivimos es el mismo en el que viven ellos. Ese Universo compartido está lleno de patrones, vínculos y redes de causa y efecto. La ciencia, sin importar quién la haga, consiste simplemente en escarbar en esos patrones y obtener alguna comprensión de cómo funcionan. Si usted quiere tomarse en serio el tema extraterrestre, no debe olvidarse de la física. Y ahí es cuando las cosas empiezan a ser divertidas.

En este capítulo vamos a tomarnos muy en serio la idea de que una especie cuya tecnología es muy avanzada pueda visitar la Tierra. Sin olvidarnos de esa premisa, vamos a plantearnos la siguiente pregunta: ¿cómo podría funcionar la tecnología que utilizan? Esta pregunta nos adentrará en los límites de la física moderna. La relatividad de Einstein, la mecánica cuántica, la astrofísica estelar, etcétera. Si queremos saber cuál es la tecnología utilizada por una civilización debemos adentrarnos en esos temas. La visión del Universo que ofrecen esos campos de la física es asombrosa. Sé que se trata de un terreno montañoso, pero la caminata merecerá la pena. Aunque solo echemos una ojeada a estas grandes ideas de la ciencia (por ejemplo, la deformación del espacio y las dimensiones «extra»), nos permitirá entender qué cosas podrían ser posibles para los alienígenas de mundos lejanos que viajan hasta aquí. También nos ayudará a predecir hacia dónde podríamos dirigirnos si duramos lo suficiente.

Empecemos por el principio y planteemos la pregunta más básica: ¿cómo puede alguien cruzar las demenciales, vastas y alucinantes distancias que hay entre las estrellas?

VIAJES INTERESTELARES[1]

Si los ovnis fueran alienígenas, ¿cómo habrían llegado hasta aquí?

Primero le daré las malas noticias. Las distancias que hay entre las estrellas son tan inmensas que sería imposible atravesarlas de forma rutinaria. Podemos mandar sondas robóticas que alcancen su objetivo dentro de 200 años (y luego necesitaríamos otro siglo más o menos para recibir el mensaje de vuelta). Pero la posibilidad de que usted, yo o cualquier otra persona podamos darnos una vuelta por los planetas que ofrezcan las mejores vacaciones del imperio galáctico es anulada por las leyes de la física.

O tal vez no.

Este es el tipo de cuestiones con las que tenemos que lidiar si intentamos abordar la cuestión de los extraterrestres y los viajes interestelares. Conocemos con certeza absoluta las distancias que hay entre las estrellas. También sabemos que el Universo impone un límite de velocidad cuando se trata de atravesar esas distancias. Lo que tenemos que hacer, pues, es imaginar cómo podrían sortear los extraterrestres esos límites. Eso sí, basándonos siempre en lo que sabemos sobre la estructura de la realidad.

Si los ovnis *fueran* naves espaciales procedentes de otros sistemas estelares, ¿cómo podrían (ellos o nosotros en el futuro) atravesar los grandes vacíos interestelares?

Nuestro primer paso es comprender lo grande, grande, grandísimamente grande, que es el espacio (parafraseando al gran Douglas Adams). Sí, ya sé que usted *cree que* sabe lo grande que es, pero créame, es más grande aún. Cada vez que en mi investigación tengo que enfrentarme a este tipo de distancias, mi capacidad para asombrarme con la escala del cosmos (incluso la del pequeño rincón en el que nos encontramos) se renueva por completo.

Los astrónomos miden las distancias interestelares en años luz, lo cual, lo sé, es algo confuso. Un año luz es la distancia que recorre la luz en un año. Equivale a algo más de nueve billones de kilómetros. Es decir, un nueve con doce ceros detrás: 9.000.000.000.000 de kilómetros. Es probable que usted haya recorrido a pie un kilómetro más de una vez, y en coche puede que miles. Todo eso solo ocupa los tres primeros ceros. Para entender lo grande que es una distancia con doce ceros tendrá que hacer un gran esfuerzo imaginativo. Hagamos una comparación familiar. Para recorrer esa distancia tendríamos que dar la vuelta a la Tierra cientos de millones de veces. Imagine cuántos vuelos de conexión y cuántas esperas inútiles tendría que soportar vagando por los aeropuertos.

Otra forma de entender lo que es un año luz es teniendo en cuenta la distancia que hay desde el Sol hasta el límite del sistema solar. Si la Vía Láctea es nuestra ciudad local de estrellas, el sistema solar es la casa en la que nacimos y la Tierra es una habitación de esa casa. En 2006 lanzamos la sonda espacial más rápida de la historia, New Horizons. La enviamos a Plutón, que podríamos considerar que es el límite del sistema solar. La distancia a Plutón es unas 1.000 veces menor que un año luz. El diámetro de nuestro sistema solar, el lugar donde se han desarrollado todas las actividades tanto planetarias como espaciales de la humanidad, es tan solo de una pequeñísima fracción de un año luz. Y aquí viene lo realmente importante: a pesar de que New Horizons atravesó el espacio a una velocidad de 58.000 kilómetros por hora, *tardó unos diez años en llegar a Plutón*. Con ese dato en mente, podemos asegurar que New Horizons tardaría al menos 20.000 años en recorrer un solo año luz. Es mucho tiempo, pero no basta para atravesar las distancias interestelares. No hay gran cosa a un año luz de distancia. La nube de Oort, donde se encuentran la mayoría de los cometas del sistema solar, se extiende hasta una distancia aproximada de un año luz, pero, técnicamente, seguiríamos estando *en* el sistema solar.

Hay que viajar unos tres años luz más para llegar a la estrella más cercana, Alfa Centauri. New Horizons tardaría unos 80.000 años en llegar allí, y la mayoría de las estrellas están mucho, mucho más lejos que Alfa Centauri. La Vía Láctea mide unos 100.000 años luz de diámetro. Incluso si nos quedamos en nuestro vecindario local, la distancia que nos separa de los Starbucks interestelares más cercanos es de cientos o miles de años luz.

Nuestras sondas espaciales más veloces tardarían decenas de millones de años en llegar allí.

Todo esto nos demuestra que sí, que el espacio es jodidamente grande. Si los ovnis son visitantes interestelares, estas son las distancias que deben recorrer de manera rutinaria. Y nosotros debemos aprender a hacerlo si queremos convertirnos en una especie interestelar, en cuyo caso nosotros seríamos los alienígenas para otros.

Cualquier intento de atravesar esas distancias choca con una característica fundamental del Universo. Nada puede viajar a una velocidad superior a la de la luz. Esta no es solo una característica de la luz, es fruto de la naturaleza misma de la realidad física. Es una propiedad de la física. Por lo tanto, el Universo tiene un límite máximo de velocidad, y resulta que la luz es la que lo consigue alcanzar. En realidad, cualquier partícula sin masa (como la luz) viaja a esa velocidad, pero nada, en ninguna parte, puede desplazarse más rápido. Ese límite es tan fundamental que tiene mucho que ver con la idea de causa y efecto. La velocidad finita de la luz *obliga* a que los efectos se produzcan después de las causas, como ocurre con los platos que se rompen después de caerse de la mesa.

Evidentemente, es posible que haya cosas de la física que aún no sabemos y que sean muy importantes para la cuestión de los viajes interestelares. Aun así, la velocidad de la luz es tan fundamental para toda la física que conocemos que, si aceptamos que los ovnis son naves espaciales, no podremos eludirlo diciendo cosas como: «Oh, ya sabrán cómo superarlo». Hay que esforzarse más.

Ahora profundizaremos en este asunto. Dado que las distancias interestelares son tan demenciales, ¿cómo podemos extrapolar, a partir de la física que *conocemos,* la forma en que esos aliens (o nosotros en el futuro) podrían atravesar el vacío cósmico? Hay algunas posibilidades.

Naves generacionales. Dependiendo de su biología, la esperanza de vida de nuestros hipotéticos alienígenas podría ser inferior al tiempo (siglos) que dura un viaje entre estrellas a una velocidad inferior a la de la luz. Y eso es igualmente válido para nosotros. Si usted permaneciera despierto durante todo el viaje, estaría muerto al llegar este a su fin. Una forma de evitar este dilema es tener hijos durante el trayecto. Usted moriría igualmente, pero sus hijos, nietos o tataratataranietos llegarían al destino. Las naves generacionales (también llamadas arcas interestelares) permitirían completar el viaje interestelar. Sin embargo, tendrían que ser muy grandes para transportar a toda una colonia de viajeros espaciales. Sería difícil no ver una de ellas si estuviese en órbita. Además, podemos dar por seguro que esos descendientes estarían bastante cabreados por tener que pasar toda su vida en un apestoso crucero espacial. Tal vez sean los niños los que pilotan los ovnis de forma errática; eso podría explicar muchas cosas

Criosueño. Otra respuesta obvia al dilema de estar muerto cuando se llegue al destino es hibernar. La tecnología del criosueño «congelaría» el metabolismo del cuerpo (o al menos lo ralentizaría) durante el viaje. A pesar de ser un elemento muy utilizado en la ciencia ficción, nadie ha podido conseguir que esto funcione en animales superiores como los mamíferos. Aun así, esta solución no requeriría la existencia mágica de una nueva física, quizá solo de una nueva biología. Además, si la vida «postbiológica», es decir, la basada en máquinas, existe de verdad (como veremos más adelante), puede que algunos extraterrestres sean una forma digital basada en el silicio y la cuestión del tiempo deje de ser un problema.

Naves con velas solares. Aunque nadie se ha visto empujado en plena calle por un rayo de luz, los fotones (las partículas de la luz) ejercen una fuerza, un empuje, sobre la materia. Si pudiéramos extender una lámina de materia lo suficientemente grande en el espacio, podríamos utilizar el Sol para propulsarnos. La idea de este tipo de velas solares existe desde hace mucho tiempo, pero en 2016, Philip Lubin, de la Universidad de California en Santa Bárbara[2], propuso el uso de láseres gigantes muy potentes, en lugar del Sol, para proporcionar la luz necesaria para la navegación interestelar. Con un láser terrestre lo suficientemente grande, se podría acelerar una vela en el espacio (y una nave unida a ella) hasta alcanzar casi la velocidad de la luz. De este modo, se podría cubrir la distancia que hay entre las estrellas cercanas en años o décadas, en lugar de en miles de siglos.

Esta idea sedujo tanto al multimillonario filántropo Yuri Milner que destinó 100 millones de dólares al desarrollo de un proyecto llamado Breakthrough Starshot (Lanzamiento Estelar)[3]. Es un proyecto a largo plazo (30 años), porque ese es el tiempo que se necesitará para desarrollar la tecnología necesaria. El inconveniente para los ovnis que la utilicen es que necesitarán otro láser gigante en el sistema estelar objetivo para ralentizar su marcha si quieren detenerse y visitarlo.

Agujeros de gusano. Si la velocidad de la luz es el límite al que podemos viajar por el espacio, la mejor solución para los viajes interestelares es evitar precisamente eso, cruzar el espacio. Esta posibilidad fue uno de los regalos que nos hizo Einstein con su teoría de la relatividad general, según la cual, el espacio no es un vacío. Fusionado con el tiempo en una entidad única llamada espacio-tiempo, es como un tejido flexible que se puede doblar, estirar y plegar. Los agujeros de gusano son una especie de túnel espacio-temporal que utiliza ese plegamiento para unir dos regiones muy separadas del espacio. Aunque la teoría de la relatividad general permite la existencia de estos agujeros (también conocidos como puentes de Einstein-Rosen), por desgracia son inestables. Cuando se forma uno (por cualquier medio natural o artificial), se cierra casi instantáneamente. Si los alienígenas quisieran utilizarlos para construir una especie de sistema de transporte público galáctico, necesitarían encontrar algo que los físicos llaman materia exótica.

Se trata de una materia que tiene propiedades antigravitatorias, es decir, que literalmente separa el espacio. Si los alienígenas tuvieran materia exótica y pudieran controlarla, podrían forzar la apertura de las dos bocas de un agujero de gusano y conectar así dos partes distantes de una galaxia. Pero no se emocione demasiado; esta teoría presenta un gran inconveniente. La materia exótica no es real. Es tan solo un término que se puede añadir a las ecuaciones de la relatividad general. Si lo incluimos en las fórmulas, estas cambian. ¡Hurra! Pero eso no significa que el término represente algo que exista realmente en el Universo. Aun así, este término, que representa a la antigravedad, tiene cabida dentro de las ecuaciones físicas de la relatividad, por lo que, si la materia exótica es algo más que una quimera de los físicos, tal vez pueda servir como medio para realizar viajes interestelares rápidos.

Motor de curvatura (o hiperpropulsores). El desplazamiento por curvatura, también conocido como empuje por curvatura, impulso de deformación, impulso de distorsión, o como quiera llamarlo, es un elemento básico de la ciencia ficción. Si usted quiere que sus personajes viajen fácilmente por las galaxias, ponga uno de esos motores en su nave y nadie hará preguntas. Si los alienígenas pudieran construir un motor de curvatura, o motor warp, estarían utilizando una vez más la idea del «tejido del espacio» de la relatividad general de Einstein. Ese motor no te empuja a través del espacio, de un lugar a otro. En su lugar, crea una «burbuja de curvatura» que estira y luego relaja el espacio-tiempo que lo rodea. No se viaja por el espacio más deprisa que la luz, sino que el espacio se expande (detrás de la burbuja) y contrae (delante de la burbuja) a mayor velocidad que la que viaja la luz. Aunque nada puede viajar más rápido que la luz a través del espacio, el espacio (es decir, el espacio-tiempo) puede moverse a la velocidad que quiera.

Lo bueno de las burbujas de curvatura es que, al igual que los agujeros de gusano, también son teóricamente posibles según la relatividad general, algo que demostró el físico Miguel Alcubierre en un famoso artículo publicado en 1994[4]. Pero, como cabría esperar, este tipo de motores no están exentos de problemas, algunos de los cuales son realmente importantes. Una vez más, se necesitaría esa materia exótica inexistente. Más problemático es el hecho de que las burbujas de curvatura pueden generar enormes ondas de choque de rayos gamma de alta energía a medida que avanzan. Cuando saliéramos de la curvatura, esta explosión de energía freiría todo a su paso y esterilizaría cualquier planeta que estuviéramos visitando. No es la mejor forma de anunciar tu llegada a un puerto estelar.

Mecánica cuántica. La física cuántica, nuestra todopoderosa teoría del mundo atómico y subatómico, es realmente extraña. Los físicos que estudian la mecánica cuántica hablan de partículas que están en dos lugares al mismo tiempo, o de dos partículas que se afectan mutuamente de manera instantánea, aunque estén en lados opuestos del Universo. Incluso 100 años después de que la mecánica cuántica se convirtiera en la teoría física más precisa y potente creada por la humanidad, y la base de todos nuestros milagros electrónicos, seguimos sin poder decir que entendemos lo que nos dice sobre la realidad. Personalmente, creo que eso es muy interesante. Sin embargo, lo que significa para los viajes interestelares es que podría haber algo oculto en la mecánica cuántica que permita eludir las aparentes restricciones de la relatividad general respecto al espacio y el tiempo.

Algunas personas que trabajan en la unificación de la mecánica cuántica con la relatividad general para crear una teoría de la gravedad cuántica creen, incluso, que el espacio-tiempo podría no ser tan fundamental. En lugar de eso, creen que podría surgir de algún aspecto más profundo de la realidad cuántica. Así pues, desde ese punto de vista, la mecánica cuántica podría tener escondidos algunos ases en la manga. Una especie alienígena suficientemente avanzada podría conocerlos y explotarlos para realizar viajes interestelares. Pero, ¡ojo!, a diferencia de los otros puntos de nuestra lista, aquí estamos hablando de algo desconocido. Solo conocemos algunas rarezas cuánticas, pero no la física necesaria que pueda sustentar esta posibilidad.

Y esto es todo. Por lo que sabemos (que puede que no sea suficiente), eso es todo lo que nosotros, o los extraterrestres, debemos saber sobre la física y los viajes interestelares. Ahora bien, un buen escritor de ciencia ficción podría encontrar otras formas creativas de viajar de una estrella a otra, pero la lista anterior sería una buena aproximación de lo que sugeriría un científico que se basara en lo que sabemos hasta ahora de la realidad (que es mucho). Lo importante es saber que, en cuanto a física demostrada experimentalmente, solo las dos primeras posibilidades parecen viables. No hay más.

Otra pregunta interesante sería cómo afectaría esa tecnología de propulsión interestelar alienígena a su objetivo de crear una civilización galáctica. Si no pudieran desplazarse a mayor velocidad que la luz, su capacidad para desarrollar una civilización galáctica estaría limitada. Cuando se tarda 200 años en trasladar a un diplomático de un planeta a otro, y nadie vive más de 100 años, tienes un problema. Es cierto que se podría resolver con el criosueño, pero ese diplomático seguiría tardando 200 años en llegar. En el planeta de origen habrán cambiado muchas cosas durante ese lapso de tiempo. Al llegar el diplomático a su destino, ¿seguirá habiendo en ambos planetas el mismo tipo de gobierno que cuando partió? Y después de las negociaciones, aún tardarían otros dos siglos en obtener respuesta. Es mucho tiempo para esperar a recibir un mensaje como «Han dicho "váyanse al infierno"» (o lo que sea).

Todo esto significa que, si *no* podemos contar con motores warp ni con otras tecnologías más rápidas que la luz, nuestras ideas sobre las civilizaciones interestelares pueden estar muy equivocadas. Si nadie puede viajar a una velocidad superior a la de la luz, es muy posible que todo el mundo esté solo. En ese caso, nunca habría imperios galácticos, solo culturas planetarias individuales. Estas culturas podrían enviar misiones de asentamiento para cruzar las distancias interestelares de manera ocasional, pero dadas las enormes distancias que tendrían que atravesar y la duración del viaje, incluso si esos asentamientos tuvieran éxito, se separarían culturalmente del mundo del que partieron nada más llegar a su destino. Si esto es lo que ocurre, entonces los aliens que visitan la Tierra no son representantes de ninguna Federación Galáctica Zorgoviana con una vasta experiencia adquirida en muchos mundos y culturas. Todo lo contrario. Se trataría de una visita única, y es posible que fuera la primera vez que salen de su planeta.

Ahora paremos un momento y respiremos hondo. Todo lo que le acabo de explicar es especulativo. Sin embargo, es resultado de tomarse la ciencia muy en serio. Por eso es un tema que hay que analizar con profundidad. La vida siempre existe dentro de las limitaciones que le impone el Universo. La tecnología puede intentar presionar para derribarlas, pero no hará que desaparezcan. Los motores necesitan energía. Las máquinas se agotan. Cualquier tecnología alienígena, no importa lo asombrosa que sea, tendrá que lidiar con esas limitaciones. Por lo tanto, preguntémonos ahora qué otro tipo de tecnología superavanzada podrían tener bajo la manga los ovnis alienígenas que nos visitan.

Tecnología alienígena

El garaje de Luke Skywalker

Se supone que los ovnis hacen un montón de cosas alucinantes que desafían las leyes de la física. Aparecen de la nada y desaparecen en un instante. Viajan a velocidades hipersónicas y, de repente, se detienen. Hacen giros bruscos en ángulos imposibles. Estos comportamientos, si son reales, podrían desafiar *nuestra* comprensión de las leyes de la física, pero eso no significa que contradigan a la física misma. Como he estado recalcando hasta la saciedad, el mundo físico se basa en leyes físicas, aunque no las conozcamos todas. Si las naves extraterrestres existen, y pueden hacer las cosas que se dicen que hacen los ovnis, ¿qué física desconocida podría haber detrás de su tecnología?

Empecemos por el asunto de la desaparición repentina. En muchos informes sobre ovnis, los objetos aparecen en el radar o ante los testigos solo para desaparecer rápidamente poco después. Si esto fuera así, podría implicar que son capaces de «camuflarse». Sería algo así como la capacidad que tienen los romulanos en *Star Trek*. Las naves estarían realmente ahí, pero podrían volverse invisibles cuando quisieran. ¿Cómo lo harían?

Como ya hemos dicho, toda la luz es radiación electromagnética (ondas) de distintas longitudes de onda. La luz de radio (ondas de radio) tiene longitudes de onda largas, del tamaño de edificios, mientras que los rayos X tienen longitudes de onda del tamaño de átomos. Eso quiere decir que para hacer que algo sea invisible hay que modificar esas ondas. Pero ¿qué significa realmente ser «invisible»? Ver, gracias a la luz, algo como una nave espacial implica dos pasos. En primer lugar, hay que hacer rebotar ondas electromagnéticas en la nave y, en segundo lugar, se necesita un detector que capte las ondas reflejadas. Pueden ser nuestros ojos o una antena de radar. Si queremos interrumpir este proceso, la forma más fácil sería fabricar una nave con un material que absorbiera las ondas electromagnéticas entrantes. De esa forma, no habría reflejo alguno que pudiera ser detectado. También se podrían desarrollar materiales que curvaran la luz alrededor de la nave; de ese modo, nunca entraría en contacto con ella y no tendría necesidad de ser absorbida. Por último, se podría hacer que la nave emitiera una luz que imitara su entorno para mimetizarse a la perfección. Sería como un camuflaje adaptativo e inteligente.

Sería posible que los extraterrestres poseyeran cualquier versión de este tipo de tecnología. Los humanos ya estamos cerca de conseguir algunas de esas capacidades. En los últimos años, los físicos han desarrollado «metamateriales» capaces de redirigir y curvar la luz entrante. Si cubriésemos una nave con una fina capa de metamaterial, se podría desviar la luz que llega al revestimiento de esta hasta expulsarla por el otro lado. Se haría lo mismo con la luz que llega al otro lado. De este modo, un observador (usted mismo) siempre vería lo que hay detrás de la nave, lo que la haría invisible. Todavía nos queda mucho camino por recorrer si queremos construir un tanque o un avión de combate con metamateriales, pero los principios básicos ya están siendo probados en laboratorios terrestres. Mantenerse estático en el aire o cambiar de dirección a una velocidad de Mach 50 es otra historia.

En la ciencia ficción abunda la tecnología antigravitatoria. Piense, por ejemplo, en el *speeder* de Luke Skywalker cuando pasa rozando el suelo, anulando la fuerza de la gravedad. Para entender cómo se puede *anular* la fuerza de la gravedad, primero tenemos que entender exactamente a qué se refieren los físicos cuando hablan de fuerzas. En primer lugar, una fuerza actúa cuando una cosa (la materia) empuja o tira de otra. Tras siglos de estudio, los físicos solo han encontrado cuatro fuerzas básicas: la gravedad, la fuerza electromagnética, la fuerza nuclear fuerte y la fuerza nuclear débil.

Todo el mundo sabe qué es la gravedad, es decir, lo que mantiene a los planetas en órbita alrededor de las estrellas y a nosotros en la superficie de la Tierra. El electromagnetismo es la fuerza que existe entre partículas cargadas eléctricamente, como los electrones y los protones. Es, básicamente, la fuerza que está detrás de toda forma de vida, porque los enlaces químicos son en realidad enlaces electromagnéticos. También es lo que está detrás de toda nuestra tecnología moderna. La fuerza nuclear fuerte es la que mantiene unidos los núcleos atómicos. Es la base de la existencia de los distintos elementos. Por último, la fuerza nuclear débil interviene en las reacciones nucleares que se producen en las estrellas. Esto es tan solo una descripción muy breve, pero nos servirá para nuestros propósitos.

Todo lo que ocurre en el Universo, por muy complicado que sea, tiene que ver con estas cuatro formas de empujar o tirar.

Este hecho ya es extraordinario por sí mismo, pero no nos aporta una información esencial: qué es eso que empuja y tira. La respuesta son las partículas de fuerza.

En la década de 1940, los físicos empezaron a darse cuenta de que cada vez que se producía una atracción o un rechazo entre partículas subatómicas (como electrones y protones) se intercambiaba una partícula de fuerza. Siempre. El nombre técnico de estas partículas especiales es *bosones de fuerza*. Cuando dos electrones, ambos con carga negativa, se repelen electromagnéticamente, no es porque reboten entre sí. Lo que realmente ocurre es que intercambian un tipo de partícula de fuerza electromagnética, un *fotón* (una partícula de luz). Los fotones son el bosón de la fuerza electromagnética. Cada una de las otras fuerzas tiene también su propia partícula portadora o mediadora de la fuerza. El bosón de fuerza de la gravedad se llama *gravitón*. Nunca se han podido observar gravitones porque no disponemos de máquinas experimentales lo bastante potentes para rastrearlos, pero los físicos creen en su existencia.

Necesitamos entender todo esto porque las tecnologías creadas para manipular una fuerza se acaban convirtiendo, de uno u otro modo, en tecnologías que manipulan el bosón de fuerza asociado. Tenemos ordenadores, teléfonos móviles y todas las demás maravillas de la electrónica porque somos expertos manipulando el bosón de fuerza del electromagnetismo, el fotón. Podemos hacer que los fotones bailen casi al son que queramos. Las demás fuerzas y sus bosones son harina de otro costal. Para poder controlarlas necesitaríamos una cantidad ingente de energía. Por lo tanto, solo podemos hacerlo de manera bastante torpe. Por ejemplo, cuando se trata de controlar la gravedad, no lo hacemos mucho mejor que los cavernícolas que se tiraban piedras unos a otros. Incluso pensar en cómo controlar la gravedad a escala de gravitones está fuera de nuestro alcance, pero tal vez los alienígenas sepan trabajar con ellos mejor que nosotros.

Para crear dispositivos antigravedad tendríamos que controlar los gravitones de formas que solo podemos soñar. Quizá los alienígenas sepan cómo redirigirlos a escala sub-sub-sub-subatómica. Quizá sepan cómo reducir el intercambio de gravitones que se produce entre el *speeder* de Luke Skywalker y la superficie de su planeta, Tatooine. En ese caso, el *speeder* (o un ovni) podría planear sobre el suelo como si no existiera atracción gravitatoria en el planeta. Al controlar los gravitones también se podría crear gravedad artificial en una nave espacial, como ocurre en la Enterprise de *Star Trek*. De no ser así, ¿cómo podrían permanecer todos de pie en el puente de mando como si no estuvieran en la ingravidez del espacio?

Puede que los ovnis aceleren y deceleren tan brutalmente al girar porque son capaces de controlar los gravitones. Cuando nuestro coche da un giro, la carretera ejerce una fuerza sobre los neumáticos que obliga al resto del vehículo a cambiar de dirección. Si no lleváramos puesto el cinturón de seguridad, nos deslizaríamos en el asiento en la dirección opuesta al giro. El cinturón de seguridad es el que comunica la fuerza que obliga a nuestro cuerpo a tomar la curva con el resto del coche. La resistencia de nuestro cuerpo a hacer el giro que hace el automóvil se llama *inercia*. Si intentáramos realizar un giro brusco instantáneo viajando a 5.000 kilómetros por hora en una nave espacial, la inercia haría que nuestro cuerpo se espachurrase, atravesando el cinturón de seguridad, y se estrellase contra la pared del habitáculo.

Imagine ahora que vamos a realizar uno de esos cambios de dirección a esa enorme velocidad, pero que, al mismo tiempo, podemos controlar los gravitones. Podríamos, quizá, crear un aerosol de gravitones que dispersaríamos en el momento justo y de la forma adecuada para crear un campo gravitatorio que anulara la inercia de nuestro cuerpo. De ese modo, en lugar de que el cinturón de seguridad nos forzara brutalmente a girar (y nos convirtiera en gelatina), el falso campo gravitatorio podría equilibrarlo, permitiéndonos cambiar de dirección sin tirones extremos.

Pero ¿se puede hacer? ¡Quién sabe! Lo que acabo de escribir es una historia de ciencia ficción que extrapola enormemente la física que sí entendemos para crear una posibilidad algo creíble. Puede que nada de esto sea posible. Tal vez lo impida la física. Por un lado, para crear algunas de las tecnologías que acabo de describir se necesitaría una cantidad de energía tan enorme que solo se podría encontrar cerca de un agujero negro o justo después del *big bang*. Si los alienígenas pudieran construir manipuladores de gravitones, deberían tener un acceso fácil y constante a un nivel de energía que se encontraría en los objetos y condiciones más extremos del Universo. Eso es mucho pedir, pero este es el tipo de cosas con las que tenemos que lidiar si creemos que los ovnis son extraterrestres que visitan nuestro planeta. Quizá *hayan* desarrollado ese tipo de capacidades. Le aseguro que yo presumiría de ellas si las tuviera.

Alienígenas interdimensionales

Oye, tío, bájate de mi avión

Existe otra posibilidad. Puede que los ovnis no viajen por el espacio. Aunque muchas personas afirman (y han afirmado durante mucho tiempo) que los ovnis portan extraterrestres de otros sistemas estelares, también hay muchas otras que afirman (y han afirmado durante mucho tiempo) que vienen de otras *dimensiones*.

Las dimensiones «extra» no son una idea exclusiva de los aficionados a los ovnis; desde siempre, los científicos han estado obsesionados con esta cuestión. ¿Podrían esas dimensiones que interesan tanto a los científicos ser las mismas de las que hablan los entusiastas de los ovnis? Para poder responder, vamos a hacer primero una breve inmersión en una de las partes más alucinantes de las matemáticas y la física. Si queremos saber si los extraterrestres vienen de otras dimensiones, primero tenemos que preguntarnos qué demonios es una dimensión. Esto sí que es diversión de la buena. No sé cómo expresar cuánto me gusta la idea de que existan otras dimensiones (bueno, en realidad, estoy a punto de contárselo con todo lujo de detalles). Me encantan las otras dimensiones, no por su relación con los extraterrestres, sino por su relación con la física. En un ratito hablaremos de los extraterrestres.

En realidad, hablar de dimensiones significa hablar del Espacio con *mayúscula*. ¿Cuánto espacio hay y a cuánto podemos acceder? Para responder a esa pregunta, definamos lo que son las *dimensiones* de un modo realista.

Vivimos en tres dimensiones. ¿Y qué aspecto tienen? Bueno, si quiere, puede caminar hacia adelante o hacia atrás. También puede moverse hacia la izquierda o hacia la derecha. E igualmente puede hacerlo hacia arriba o hacia abajo.

Y eso es todo.

Aparte de adelante/atrás, izquierda/derecha y arriba/abajo, no hay otras formas independientes de moverse por el espacio. Lo que un físico quiere decir con «independiente» es que todos los movimientos que podremos hacer serán una combinación de adelante/atrás, izquierda/derecha y arriba/abajo. Con esas tres dimensiones se ocupa todo el espacio, y por eso decimos que el espacio es tridimensional. Todas las cosas que vemos en el mundo, como las esferas, los cubos, las pirámides o lo que sea, «viven» en esas tres dimensiones. Ni más ni menos. Esta idea en sí misma es genial. Pero espere, que mejora.

A finales del siglo XIX, los matemáticos empezaron a teorizar sobre las dimensiones que podían existir más allá de las tres conocidas. Empezaron a preguntarse por las propiedades de las esferas cuatridimensionales, los cubos heptadimensionales y las pirámides decadimensionales. No creían que estas dimensiones adicionales fueran físicamente reales, pero las herramientas matemáticas les permitían acceder a estos espacios abstractos. Eran exploradores que se acercaban a un nuevo continente.

La expresión «herramientas matemáticas» suena bastante abstracta e imponente. Cuando tenía dieciocho años, creía que era algo con lo que podría impresionar a las chicas (la mayoría de las veces no fue así). Utilizar esas herramientas solo significa que hacemos un cálculo para averiguar algo; como el volumen de una esfera, es decir, cuánto espacio hay en su interior. En el caso de una esfera tridimensional, el volumen es proporcional al radio al cubo (r^3). Si queremos, también podemos imaginar que la esfera existe en un espacio en el que hay una dimensión más (una dirección más en la que viajar) y volver a hacer el mismo cálculo. Esta vez, el volumen es proporcional al radio elevado a la cuarta potencia (r^4). Esa potencia extra del radio nos dice que, literalmente, hay más espacio dentro de la esfera cuatridimensional que dentro de la tridimensional. Una dimensión extra significa más espacio. Lo que quiero destacar aquí es bastante sencillo. Para hacer cualquier cálculo en dimensiones superiores, simplemente hemos de repetir lo que hicimos en tres dimensiones, pero le añadimos otro paso por cada dimensión extra. Puede ser más complicado, pero lo he explicado así para que capte la idea.

Incluso conociendo las matemáticas implicadas, puede ser difícil imaginar el aspecto que tendría una esfera de cuatro dimensiones, pero siguiendo el ejemplo que acabo de exponer, podemos empezar a hacernos una idea. Es bastante estimulante vislumbrar esas dimensiones extra, así que vamos a intentarlo. Lo suyo es empezar con dimensiones inferiores (menos de tres) e ir añadiendo de una en una. Empezaremos imaginando cómo es una esfera en una dimensión. La realidad en un mundo puramente unidimensional sería solo una línea que se extiende infinitamente en la dirección izquierda/derecha. Eso es todo el espacio que podría haber. Una esfera de una única dimensión sería una línea tan larga como su diámetro (el doble de su radio).

Pasemos ahora a una esfera de dos dimensiones (2D), mucho más fácil de imaginar. En primer lugar, ¿qué aspecto tendría una realidad bidimensional? Sería un plano, como una hoja de papel, que se extiende hasta el infinito en todas direcciones. Una esfera de dos dimensiones sería simplemente un círculo, uno que podría dibujar en esa hoja de papel. Por último, todos sabemos qué es una esfera tridimensional (3D) porque existen montones de ejemplos: pelotas de playa, pelotas de béisbol, bolas de bolos, etcétera.

Línea, círculo, bola: todos son esferas, pero en dimensiones diferentes. Ahora sigamos subiendo.

Lo importante para pasar a cuatro dimensiones es ver cómo una esfera tridimensional se conecta con una bidimensional y esta con una unidimensional. Imaginemos lo que ocurriría si una esfera 3D (por ejemplo, una pelota de béisbol) «atravesara» un mundo de dos dimensiones. Antes de que la pelota de béisbol y el plano infinito que es el mundo 2D se tocasen, las criaturas 2D que viven en el plano 2D no tendrían ni idea de que algo está a punto de ocurrir. En cuanto la pelota entrara en contacto con el plano, aparecería de repente un punto que las criaturas 2D podrían «ver». A medida que la pelota atravesara el plano 2D, ese punto se iría convirtiendo en un pequeño círculo relleno: la intersección entre la pelota de béisbol y el plano 2D. El círculo crecería hasta que la mitad de la pelota hubiera atravesado el plano, y entonces se volvería a encoger hasta volver a ser un solo punto. Cuando la pelota perdiese contacto con el plano, el punto desaparecería. Imagíneselo como si una pelota subiera desde el fondo de un lago para romper la superficie de una masa de agua completamente en calma hasta liberarse en el aire. La «huella» de la pelota de béisbol en la superficie es la conexión entre el mundo tridimensional y el bidimensional.

Ahora podemos jugar al mismo juego pasando de la 4D a la 3D. No es fácil, pero tenga en mente la analogía de la pelota de béisbol y la superficie del agua. Si una esfera 4D (la llamaremos hiperesfera) atravesara nuestro mundo 3D, ¿qué veríamos? Al igual que ocurriría cuando esa pelota de béisbol tocara por primera vez la superficie del agua y se formara un pequeño círculo, primero veríamos aparecer de la nada ante nosotros una bolita como por arte de magia. Sería la hiperesfera 4D tocando por primera vez nuestro «plano» de existencia 3D, y nos asustaría muchísimo. Desde ese momento, observaríamos cómo esa bolita crece más y más a medida que la hiperesfera atraviesa nuestro mundo. La bola solo dejaría de crecer cuando la hiperesfera hubiera recorrido la mitad de su camino atravesando nuestro mundo. A continuación, la bola volvería a encogerse hasta desaparecer, momento en el que la hiperesfera ya habría atravesado por completo nuestro plano tridimensional. Ese sería un buen momento para tomarse un buen trago o llamar al terapeuta.

Esta clase de experimentos mentales demuestran el increíble poder que tiene el pensamiento matemático abstracto. Eso es lo que acabamos de hacer. Alrededor del año 1900, los físicos tenían muy claro que las matemáticas hiperdimensionales eran enormemente útiles. Al «proyectar» problemas complejos de nuestro mundo tridimensional en espacios con más dimensiones, obtuvieron nuevos conocimientos y se resolvieron problemas antiguos y complejos. El ejemplo más famoso en el que se añadieron dimensiones a un problema fue la teoría de la relatividad de Einstein. En la relatividad, el tiempo es una cuarta dimensión junto a las tres dimensiones espaciales que nos son conocidas (adelante/atrás, izquierda/derecha, arriba/abajo). La relatividad y su espacio-tiempo en cuatro dimensiones fue la mayor revolución de la física desde Newton.

El espectacular éxito que tuvo la física matemática usando las dimensiones extra (por ejemplo, con la relatividad) tuvo una gran repercusión en la prensa de principios del siglo XX. Y así fue como caló en la imaginación popular la idea de los «planos del ser», inspirada en las múltiples dimensiones. El movimiento espiritualista, famoso en esa época por sus sesiones de espiritismo, se fijó en lo que estaba ocurriendo en la ciencia y empezó a aplicar ese nuevo lenguaje en sus creencias, lo que les dio un extra de credibilidad científica. Para ellos, las dimensiones superiores eran el dominio de los muertos. Allí era donde «vivían», y si se tendía un puente entre las dimensiones se podía contactar con ellos. En muy poco tiempo, las dimensiones extra y los mundos paralelos fueron un recurso muy utilizado por las creencias paranormales.

En la década de 1940, cuando empezaron a verse ovnis por todas partes, algunos no tardaron en relacionarlos con dimensiones superiores. El científico francés Jacques Vallée fue quien popularizó la idea. Vallée es un personaje muy interesante y poco convencional que trabajó en problemas técnicos tradicionales, como las primeras interfaces hombre-máquina. También ha estado siempre interesado en los ovnis. A finales de la década de 1970, se convirtió en alumno de J. Allen Hynek, un astrónomo que formó parte del comité Condon sobre ovnis. Más adelante, Hynek defendió la hipótesis extraterrestre, y acuñó un sistema de clasificación de encuentros cercanos para describir lo cerca que un testigo había estado de un ovni alienígena.

Sin embargo, Vallée fue mucho más allá que Hynek. Basándose en los escritos del psicoanalista Carl Jung, Vallée se convenció de que los ovnis no viajaban a la Tierra desde planetas alienígenas a través del espacio tridimensional. Procedían de otras dimensiones. Así es como nació la hipótesis interdimensional. Al igual que ocurre con esas esferas 4D que atraviesan el espacio 3D, los ovnis pasaban de una dimensión a otra para visitarnos. Para Vallée, esto explicaba por qué los ovnis podían aparecer y desaparecer repentinamente, tanto visualmente como en los radares.

Desde los trabajos iniciales de Vallée, la hipótesis interdimensional ha seguido viva gracias a un grupo estable, aunque reducido, de defensores. La hipótesis extraterrestre es, sin duda, la opción que cuenta con más adeptos, pero la idea de que los ovnis son seres de otras dimensiones sigue siendo atractiva, especialmente para las personas que creen en los fenómenos paranormales.

Llegados a este punto, podría seguir contándoles lo notable, extraordinario y hermoso que es el uso del pensamiento hiperdimensional en la física moderna. He pasado algunos de mis momentos más apasionantes como físico teórico paseando entre donuts de seis dimensiones, dejando que los detalles de sus formas revelen los límites que existen entre el orden y el caos en, por ejemplo, el movimiento de los planetas del sistema solar. Pero hay que decir algo importante sobre las dimensiones adicionales: en realidad no existen.

Desde el punto de vista de la física, nunca, jamás, se han encontrado pruebas de que exista una dimensión extra del espacio más allá de las tres que conocemos. Y no es porque no se haya intentado.

Echemos un vistazo a las cuatro dimensiones del espacio-tiempo de Einstein. En la teoría de la relatividad de Einstein el tiempo se «espacializa», es decir, se trata matemáticamente como si fuera una dimensión más del espacio. Pero el tiempo es diferente. Para comprenderlo, basta con fijarse en el hecho más que obvio de que puedo ir hacia adelante y hacia atrás en cada una de las dimensiones espaciales (izquierda, luego derecha; adelante, luego atrás), pero la triste verdad es que solo puedo ir en una dirección en el tiempo. Es triste, porque esa inmensa señal de UN SOLO SENTIDO que hay en la calle del tiempo es la razón por la que morimos. A pesar de las grandes historias de ciencia ficción sobre viajes en el tiempo, no hay ninguna prueba de que eso sea posible. El tiempo no es espacio, y no es una dimensión extra del espacio.

Por otro lado, es cierto que existen algunas teorías en física que postulan la existencia de dimensiones espaciales adicionales. Un ejemplo famoso es la teoría de cuerdas, la cual afirma que el Universo tiene realmente diez dimensiones espaciales. Según esta teoría, no podemos ver las siete dimensiones espaciales adicionales porque están enrolladas, como cuando se enrolla un trozo de papel para hacer una pajita. Es una idea muy interesante, pero, a pesar de décadas de estudios, la teoría de cuerdas nunca ha producido nada parecido a una predicción verificada experimentalmente, y la mayoría de físicos ya no la encuentran tan prometedora.

Y luego tenemos la idea del multiverso. Según esta teoría, el *big bang* no produjo un único Universo, sino muchos «Universos de bolsillo» como el nuestro. En el multiverso existen infinitas versiones de nosotros, haciendo infinitas versiones de lo que sea que estemos haciendo en este instante. Por desgracia, este tipo de Universos paralelos no son válidos para los ovnis, porque en realidad no son paralelos. No existen en otras dimensiones. Todos forman parte del mismo espacio creado tras el *big bang* y, por definición, están tan lejos que los ovnis de esos otros Universos nunca podrían llegar hasta nosotros. Para acabar, reconozco que, aunque algunas de las versiones planteadas sobre el multiverso son geniales para los escritores de ciencia ficción (¡te quiero, universo cinematográfico de Marvel!), nunca se ha encontrado prueba alguna que las apoye. Es solo una idea en la que creen un puñado de físicos, mientras que el resto de nosotros o bien no estamos interesados o bien pensamos que está muy equivocada.

Así que lo siento. De verdad. La idea de otras dimensiones me encanta en el marco de la física matemática y de la ciencia ficción. Pero no hay ninguna prueba de que el número de dimensiones *reales* del espacio *real* en el Universo *real* sea más de tres.

PERO ¿QUÉ ESTÁN HACIENDO AQUÍ?

«El argumento de las luces de carretera» y otras cuestiones

Hemos visto cuál es el tipo de tecnología que necesitarían los extraterrestres para llegar a nosotros atravesando distancias interestelares. También hemos visto qué tecnología necesitarían para que sus naves se comportaran de las formas imposibles que algunos afirman haber visto. Por último, también nos hemos asomado al mundo de las dimensiones adicionales de las que algunas personas afirman que proceden los ovnis. Ahora ya tenemos una buena idea sobre algunas características esenciales de los ovnis y los extraterrestres (qué son, de dónde vienen y cómo lo hacen). Antes de que dejemos el tema y pasemos a la búsqueda científica de extraterrestres en el espacio y no en la Tierra, todavía hay que abordar un par de puntos importantes. Quiero hablar de esas cuestiones porque, como científico que piensa en los extraterrestres todos los días, tengo claro que hay algunos temas que influyen claramente en el debate.

El primero es lo que yo llamo «el argumento de las luces de carretera». Gran parte del debate sobre los ovnis se centra en el avistamiento de objetos que hacen cosas increíbles en el cielo. Pero parece ser que nunca podemos verlos con claridad. Una de las frases más repetidas por los testigos es: «He visto unas luces en el cielo». Las luces aparecen, se mueven de formas extrañas e imposibles y luego se alejan a velocidades enormes. También se ven ovnis de día, pero suelen desaparecer antes de que se pueda tomar alguna fotografía de alta resolución. Los extraterrestres nunca se dan a conocer, pero, en cambio, se quedan quietos para que todo el mundo pueda verlos bien. No quieren que sepamos que están aquí. Quieren permanecer ocultos. Todo esto hace que me pregunte lo siguiente: si quieren ocultarse, ¿por qué lo hacen tan mal?

Piense en ello. Se supone que los ovnis son naves espaciales que han recorrido las vastas y hostiles distancias que hay entre las estrellas. Poseen tecnologías poderosas que les permiten desafiar las leyes de la física que conocemos. Y, sin embargo, a pesar de atesorar todas esas capacidades, no saben apagar las luces de sus naves.

Si estos alienígenas desean realmente permanecer ocultos, si no quieren que los veamos, ¿cómo es que seguimos haciéndolo? (Bueno, solo un poquito). ¿Nos han enviado a sus novatos, los que no saben cuál es el botón que activa el campo de camuflaje? ¿O acaso son tan solo un puñado de adolescentes zorgovianos que robaron el platillo de sus padres y están de juerga?

No tiene ningún sentido.

Además, nuestras cámaras fotográficas han avanzado mucho desde 1947. ¿Por qué, entonces, la inmensa mayoría de imágenes de ovnis y FANI son poco más que manchas borrosas o desenfocadas? Este tema volvió al primer plano mediático cuando, en febrero de 2023, el Gobierno estadounidense derribó un globo espía chino. Unas semanas más tarde, se publicó una imagen tomada desde el interior de la cabina de un avión U-2 que volaba a gran altitud. Es básicamente un selfi, y la imagen es muy clara y nítida. Además de la cabeza del piloto, también se puede apreciar el globo esférico y se pueden distinguir detalles de la carga que porta debajo, incluidos sus paneles solares desplegados. Después de 70 años avistando ovnis, ¿no debería haber montones de imágenes de este tipo? En lugar de eso, el hecho de que lo que más abunde sean las imágenes borrosas es una prueba de que lo que realmente se está viendo son artefactos del entorno o de las propias cámaras, y no cosas físicas reales que deberían dejar imágenes claras en la película o en la memoria de la cámara.

Y así es como acaba nuestra reflexión sobre los ovnis y los FANI. Quiero dejar claro que estoy completamente a favor de que se lleve a cabo un estudio científico completo, abierto y transparente de este fenómeno. Es positivo que haya desaparecido por fin el estigma que rodea los avistamientos realizados por los pilotos. Gracias a eso, ahora podemos saber con qué frecuencia se ven cosas raras en el cielo. Desde un punto de vista científico, es un primer paso necesario para comprender el fenómeno. Aunque creo que es una cuestión que tiene más que ver con la defensa nacional, como científico me comprometo a mantenerme escéptico hasta que los datos sean definitivos. Para hacer ciencia, necesitamos obtener datos científicos reales. Puede que estemos entrando en esa fase. Ya veremos adónde nos lleva.

Como científico profundamente interesado en la posibilidad de que exista vida más allá de la Tierra, no me parece razonable que nuestro planeta sea el centro de la cuestión. Si quisiéramos encontrar habitantes de Nebraska, ¿iríamos a buscarlos a algún pueblo remoto del Himalaya? Lo más seguro es que no. En lugar de eso, iríamos a Nebraska, donde viven los nebrasqueños. Del mismo modo, si lo que queremos encontrar es vida alienígena, tenemos que buscar en planetas extraterrestres. Antes no era posible, pero ahora sí. Por fin estamos preparados para poder buscar signos de vida en mundos lejanos. Para saber dónde y cómo vamos a hacerlo, y qué podemos encontrar…, tendrá que leer el resto del libro.

5

UN PASEO POR EL COSMOS

Dónde buscar aliens

Cuando Frank Drake puso en marcha su innovadora búsqueda de inteligencia extraterrestre en 1960, no sabía lo que sabemos ahora del cosmos. ¿Cuál era el mejor lugar para buscar señales de civilizaciones extraterrestres? Lo mejor que podía hacer era elegir estrellas cercanas que se parecieran al Sol. Pero la vida no surge en las estrellas, sino en los planetas (las superficies de las estrellas, incluso las más frías, son tan calientes que desintegrarían la vida hasta separar sus átomos). En 1960 nadie sabía si existían otros planetas más allá de nuestro sistema solar. Ni en 1970, ni en 1980 ni en 1990. Sin embargo, en el año 2000 las cosas cambiaron radicalmente. La humanidad encontró los primeros planetas extrasolares, o *exoplanetas*. De repente, el Universo parecía ser un lugar mucho más acogedor para la vida. Habíamos descubierto dónde podría surgir vida extraterrestre, y dónde podría prosperar. Eso lo cambiaba todo. Por fin estábamos listos para ir a buscar casa en otro planeta.

En las dos últimas décadas, hemos pasado de conocer la existencia de tan solo un puñado de exoplanetas a elaborar un extenso censo de mundos alienígenas. Los resultados de estos estudios han sido deslumbrantes. Hay mundos hechos de diamante, mundos que no son más que océanos y mundos que están cubiertos por completo de hielo. Saber que, ahora mismo, mientras lee estas palabras, existen planetas reales en los que los vientos soplan a través de sus cañones, la nieve se acumula en sus valles y las olas llegan a sus costas es más que suficiente para abrir nuestra mente. La posibilidad añadida de que pueda surgir vida, en cualquier forma, en algunos de ellos puede provocar lo que denominaríamos vértigo cósmico.

También podría existir vida en nuestro sistema solar (más allá de la Tierra). Aunque Marte es, en la actualidad, un desierto helado con una atmósfera escasa, antaño fue un mundo donde el agua líquida corría por su superficie y se acumulaba formando grandes lagos e incluso océanos poco profundos. Es posible que en Marte surgiera vida antes de que perdiera la mayor parte de su atmósfera hace 4.000 millones de años. Dado que Marte ha sido, desde hace tiempo, uno de los lugares en los que hemos buscado vida, no lo incluiremos en los siguientes capítulos. Hemos enviado allí tal cantidad de módulos de aterrizaje y «róveres» que podemos decir que, en cierto modo, el planeta está habitado actualmente por robots. Sin embargo, veremos que hay otros lugares en el sistema solar, como las lunas oceánicas de Júpiter y Saturno, que podrían albergar vida. Y no solo eso, también podrían aportarnos información sobre los exoplanetas oceánicos, los cuales podrían ser bastante comunes.

Dado que lo que más nos interesa es la vida, vamos a empezar analizando la conexión entre esta y los planetas. La primera parada en nuestro recorrido por el cosmos va a ser la cuestión de la *abiogénesis*. ¿Cómo surge la vida en un mundo inerte?

EL ORIGEN DE LA VIDA

El experimento de Miller-Urey y la abiogénesis

La vida es peculiar.

No me refiero a la vida de nadie en particular. Lo que quiero decir es que, como fenómeno del Universo, la vida es rara, excepcional. Evidentemente, los agujeros negros y su capacidad para doblar el espacio y el tiempo también lo son. Y sí, la física cuántica está llena de paradojas que nos pueden provocar vértigo. Pero ninguna de ellas puede compararse con la locura que está ocurriendo en cada célula de nuestro cuerpo, *justo ahora.* Por ejemplo, en este momento hay millones de pequeñas nanogrúas remolcando cargas moleculares a lo largo de vías autoensambladas que atraviesan las extensiones de nuestras diminutas células. Y ese es solo un ejemplo. Podría poner muchísimos más.

No existe ningún sistema en el Universo que pueda compararse a la vida. La capacidad de la vida para crear e innovar es única. Pero ¿cómo surgió? Si la vida es tan peculiar y rara, ¿cómo empezó? Si queremos averiguar si hay vida en otros lugares, tenemos que saber cómo empieza en cualquier sitio. Eso significa entender algo sobre cómo comenzó la vida aquí, en la Tierra. Aunque está claro que la vida en otros planetas podría ser muy diferente; por ejemplo, podría basarse en una química muy diferente o regirse por principios evolutivos distintos. Más adelante analizaremos esa posibilidad. Pero dado que solo tenemos un ejemplo de vida, lo más lógico es empezar este recorrido en la Tierra.

El estudio de los orígenes de la vida es el estudio de la *abiogénesis,* la creación de vida a partir de materia inerte. El objetivo de la investigación sobre la abiogénesis es comprender cómo las leyes básicas de la física y la química permitieron que un montón de sustancias químicas muertas se combinaran de algún modo y crearan organismos vivos. Es todo un reto, pero durante los últimos 70 años nuestro conocimiento de los requisitos necesarios para que surja la vida ha aumentado considerablemente. Para comprender cómo funciona la abiogénesis, tenemos que empezar aclarando el concepto de *vida*.

Uno de los rasgos distintivos de la vida es la *reproducción*. La vida hace copias de sí misma. Otro rasgo característico es la existencia de un *metabolismo*. Para que la vida pueda seguir adelante ha de consumir energía. También tiene que ser *sensible* a su entorno. Y, por último, otra característica esencial es la capacidad de cambio. Puede *mutar*, lo que constituye la base de su capacidad para evolucionar. Y toda su actividad se construye a partir de la actividad molecular. Es precisamente en este nivel donde empieza su «rareza».

Sin embargo, no sirve cualquier molécula. En la Tierra, la vida solo utiliza un conjunto restringido de piezas de Lego moleculares, para así poder hacer su trabajo. En concreto, la química orgánica se basa principalmente en combinaciones de carbono, hidrógeno, nitrógeno, oxígeno, fósforo y azufre. Esto no significa que la vida en otros lugares no pueda utilizar un andamiaje molecular diferente, pero sí que es probable que exista alguno que utilice un conjunto restringido de átomos.

Así pues, la reproducción, el metabolismo, la sensibilidad y la mutación son características esenciales de la vida. ¿Cómo funcionan a nivel molecular? A continuación expondré una visión general de algunos puntos importantes. No será completa, porque, de serlo, sería muy extensa, pero, si quiere, la puede utilizar para impresionar a la gente en la próxima fiesta a la que acuda (a menos que uno de los asistentes sea un biólogo, en cuyo caso le recomiendo que se escabulla en silencio).

Las proteínas se encargan de la mayoría de las funciones del organismo. En términos estructurales, son polímeros. Es una forma elegante de decir que son largas cadenas formadas por moléculas más pequeñas, compuestas a su vez por subunidades llamadas aminoácidos. Las proteínas se construyen a partir de aminoácidos gracias a unas pequeñísimas fábricas que hay en las células y a las que llamamos ribosomas. Estos ribosomas saben exactamente qué aminoácidos combinar para crear las proteínas que se necesitan en cada momento. ¿Cómo saben los ribosomas qué es lo que han de conectar? La información necesaria para guiar toda esta construcción de proteínas se almacena en otro tipo de molécula llamada ácido desoxirribonucleico (ADN). Los detalles de cómo se lee la información contenida en el ADN y cómo se transporta a las fábricas de los ribosomas son tan complejos que ponen los pelos de punta. La vida a nivel molecular es extraordinaria y enormemente compleja. Eso es lo que hace que la ciencia que la estudia sea tan impactante y asombrosa. ¿Cómo demonios ha podido surgir algo así? ¿Cómo es posible que un puñado de moléculas diminutas que rebotan al azar acabe actuando como un código informático que almacena información y se autorreplica?

En la década de 1920, el científico ruso Alexander Oparin y el investigador británico J. B. S. Haldane idearon la teoría moderna de la abiogénesis al proponer que la vida comenzó con precursores de moléculas biológicas que se formaron a través de procesos naturales ocurridos en la joven Tierra. La idea era bastante simple: se reúnen todos los elementos básicos de la bioquímica en un mismo lugar y, si se les deja revolotear el tiempo suficiente, deberían combinarse creando una forma que empezaría a autorreplicarse. Aunque, como digo, era una idea sencilla, en su momento fue muy controvertida. Nadie tenía pruebas de que los precursores de la vida se pudieran ensamblar de forma automática. Por aquel entonces, nadie tenía ninguna hipótesis científicamente comprobable sobre cómo empezó la vida, así que era *terra incognita*. Más adelante, a principios de la década de 1950 (parece que todo lo importante para este libro empezó en los años cincuenta), un experimento asombroso demostró que Oparin y Haldane no andaban exentos de razón.

En 1953, dos químicos de la Universidad de Chicago, Stanley Miller y Harold Urey, crearon una simulación de la Tierra primitiva en el laboratorio. Cogieron moléculas simples como metano, amoníaco, hidrógeno y agua, y las metieron en un matraz. Se suponía que con esta mezcla imitaban la atmósfera primitiva del planeta. A continuación, añadieron energía en forma de corriente eléctrica. Se trataba de la versión de laboratorio de un relámpago, algo que cabría esperar que sucediera en cualquier atmósfera. Por último, dejaron que los resultados se acumularan en el fondo del matraz; su versión de un estanque de agua situado en algún lugar del joven planeta.

Después de una semana, Miller y Urey descubrieron que se había acumulado una «sustancia viscosa marrón» en su supuesto estanque. El análisis químico demostró que se trataba de una rica sopa de moléculas prebióticas como la glicina, el ácido láctico y la urea. Todas ellas eran moléculas importantes que la vida utiliza en gran cantidad. Pero lo más importante de todo es que una considerable fracción de las moléculas que flotaban en la sustancia viscosa marrón eran aminoácidos. El material básico de las proteínas de la vida estaba ahí, en el fondo del matraz. Parecía que, si los científicos esperaban el tiempo suficiente, verían salir reptando una ameba del matraz. Estaban a punto de resolver la antigua cuestión del origen de la vida.

El experimento de Miller-Urey supuso un gran avance, una gran sorpresa, y se convirtió inmediatamente en un experimento clásico de la bioquímica. Para muchos científicos, era la prueba de que se podía empezar con material inerte y, gracias a los procesos naturales de la física y la química, se acabaría formando la base molecular de la vida. Muchos ya querían cantar victoria.

Resultó ser un poco más complicado. Vale, más que un poco. Estudios posteriores dejaron claro que la atmósfera de la Tierra primitiva no habría sido como la de Miller y Urey. Más tarde, los científicos se dieron cuenta de que los estanques cálidos con una sopa primordial de moléculas prebióticas no eran los mejores entornos para la aparición de vida. Por ejemplo, algunos investigadores se centraron en las chimeneas volcánicas de las profundidades oceánicas, donde la roca fundida entra en contacto con el agua de mar, creando un guiso de sustancias químicas ideal para que la vida diera sus primeros pasos. El agua caliente también es importante porque las moléculas calientes chocan entre sí a mayor velocidad y con más frecuencia que las frías. Cuantas más colisiones aleatorias se produzcan, más rápido funcionará todo el proceso.

También fue muy importante que, al poco tiempo, los investigadores se dieran cuenta de que no bastaba con tener proteínas. El verdadero problema era que se iniciara el proceso de replicación. Los cálculos mostraron que para que se ensamblase un ADN a partir de colisiones aleatorias se necesitaría más tiempo del que ha transcurrido desde el *big bang*. No era una buena noticia, por eso los científicos empezaron a creer que la primera molécula que se autorreplicara no tenía por qué ser el ADN. Su atención se centró entonces en el ARN (ácido ribonucleico). El ARN es similar a una de las hebras de la doble hélice de ADN, pero con unas bases ligeramente diferentes. El ARN es fundamental para la maquinaria de la vida porque copia las instrucciones del ADN y transfiere la información a las fábricas de proteínas, los ribosomas. Al recurrir al ARN, los biólogos empezaron a tener más éxito. Se empezaron a crear modelos de estos «mundos de ARN» mediante simulaciones por ordenador de entornos que contenían montones de diminutas cadenas de ARN que podían ensamblarse por colisión en menos de un segundo. A continuación, el análisis de los modelos demostró que las colisiones pueden construir secuencias de ARN mucho más largas y, lo que es más importante, autorreplicantes, en unos 300.000 años. Puede que nos parezca mucho tiempo, pero es un abrir y cerrar de ojos en la historia primitiva de la Tierra.

Desde los experimentos de Miller-Urey hasta las modernas simulaciones informáticas del «mundo del ARN», el éxito de los estudios sobre la abiogénesis puede que tenga más que ver con averiguar *cuándo* se originó la vida. Está claro que la naturaleza sabe cómo crear los componentes básicos de la vida. Incluso se han encontrado aminoácidos flotando en nubes interestelares. Queda por averiguar cómo se combinaron exactamente estos componentes básicos mediante colisiones aleatorias para producir algo capaz de autorreproducirse. Una vez que la replicación está en marcha, podemos decir que la vida empieza de verdad. Al crear tantas copias de sí mismo, el replicador tomará el control y pronto se convertirá en el proceso que más sustancias químicas concentrará. Si a esto le añadimos la mutación y la evolución, el replicador puede empezar a crear versiones mejores y más interesantes de sí mismo. Los científicos han observado incluso cómo los lípidos pueden formar pequeñas bolsas o protomembranas mientras flotan en charcos de sustancias químicas. Puede que, hace unos 4.000 millones de años, alguna de las versiones iniciales de la molécula replicante empezara a utilizar estas membranas lipídicas para protegerse, creando así una primera versión de una célula.

El ingrediente clave de toda esta historia es el tiempo. Los científicos humanos no pueden esperar más de unas décadas para ver si sus experimentos dan resultados. La naturaleza no es tan impaciente. Durante cientos de miles de años, en la sopa prebiótica se formaron innumerables combinaciones moleculares, hasta que, aleatoriamente, surgió una capaz de autorreplicarse. Cuando la gente se pregunta si la vida pudo formarse a partir de algo inerte, a menudo no tiene en cuenta el enorme lapso de tiempo disponible para que ese proceso se fuera desarrollando. Estamos hablando de cientos de millones de años. Eso es un millón de veces más de lo que vive un ser humano.

Gracias al experimento de Milley-Urey y los trabajos posteriores, contamos con una sólida base científica que nos servirá para comprender cómo pudo surgir la vida a partir de la materia inerte. Aún quedan muchos misterios por resolver, pero la abiogénesis ha dejado de ser uno de ellos. Lo aprendido nos servirá para mirar hacia atrás y entender cómo se formó la vida en la Tierra, o mirar hacia el espacio exterior y comprender cómo podría haber surgido la vida en mundos extraterrestres, en el pasado o en el futuro. Una vez asumida esta perspectiva molecular, deberíamos ser capaces de comprender la vida extraterrestre cuando encontremos pruebas de su existencia.

Lunas oceánicas

Quién lo iba a decir

Si la búsqueda de vida es también la búsqueda de agua, hay un montón de posibles objetivos escondidos en los confines del sistema solar. Pensemos por un momento en todos los océanos de la Tierra: las vastas profundidades del Atlántico, desde Terranova hasta Irlanda en el norte, y desde la punta de Argentina hasta el cabo de Buena Esperanza en el sur. Y no nos hemos de olvidar del inmenso Pacífico, con sus abismales cañones que superan los diez kilómetros de profundidad. Tenga presente la inmensa cantidad de agua que alberga nuestro planeta y ahora piense en la siguiente característica del sistema solar. Toda el agua de la superficie de la Tierra es tan solo la mitad de la que hay en el océano de Europa, una pequeña luna de Júpiter. Y Europa es solo una de las *lunas oceánicas* del sistema solar.

Júpiter y Saturno no son sitios adecuados para la aparición de vida. Estos enormes mundos no tienen superficie. Son únicamente profundidades interminables de gas de hidrógeno y helio. En sus zonas más internas, las presiones que se alcanzan podrían aplastar submarinos (e incluso diamantes). Pero esos gigantes gaseosos están rodeados por numerosas lunas en órbita. La mayoría de ellas no son más que asteroides capturados. Sin embargo, algunas son pequeños mundos por derecho propio. En 1979, la NASA envió sondas que sobrevolaron Júpiter, y las imágenes de alta resolución que captaron de Europa, la segunda luna más cercana, fueron impactantes.

En comparación con la mayoría de los demás objetos del sistema solar, la superficie de Europa era tan lisa como el culito de un bebé. A diferencia de la mayoría de las lunas del sistema solar, casi no había cráteres. En lugar de eso, las imágenes mostraban la existencia de una red de líneas fracturadas que se parecían mucho a las grietas del hielo ártico. Y eso es exactamente lo que eran. Los astrónomos no tardaron en darse cuenta de que, a diferencia del resto de lunas de Júpiter, Europa estaba totalmente cubierta por una capa de hielo de al menos diez kilómetros de espesor. Debajo de ese manto de hielo hay un océano de agua líquida cuya profundidad es de unos 100 kilómetros. Europa es una luna rocosa totalmente cubierta por un profundo océano en cuya superficie hay un grueso manto de hielo.

La constatación de que Europa tenía tanta agua alteró las expectativas que tenían los astrónomos respecto a la existencia de vida en el sistema solar. Júpiter y Saturno están muy lejos de la zona habitable del Sol, por lo que nunca se les había prestado mucha atención como posible hábitat en el que pudiera surgir vida. Pero cuando se descubrió el océano de Europa, los científicos se dieron cuenta de que había otro mundo en el sistema solar que albergaba el recurso más importante para la vida. De repente, la cuestión de la vida en Europa cobró una enorme importancia. Sin embargo, la luz solar nunca podría atravesar su corteza helada, de unos diez kilómetros de grosor. Sin luz, ¿qué podría alimentar una biosfera en Europa?

La respuesta es una fuerza que ya conocemos: la gravedad.

Júpiter es un planeta enorme, cuya masa es 317 veces la de la Tierra. La atracción gravitatoria de todo ese material joviano tira y estira el interior de sus lunas, incluida Europa. Es el mismo proceso que crea las mareas oceánicas en nuestra Tierra, impulsadas principalmente por la gravedad de la Luna. Las fuerzas de marea de Júpiter estiran y comprimen el núcleo rocoso de Europa a medida que esta gira a su alrededor. Todo este estiramiento y compresión calienta la luna, derritiendo parte de su interior rocoso. Ese calor es una fuente de energía que podría alimentar la vida de Europa.

En la Tierra, la vida pudo empezar en chimeneas situadas en aguas profundas, donde el calor y la roca fundida salen a través de la corteza del planeta. En Europa podría haber ocurrido, o estar ocurriendo en este momento, el mismo proceso. En las profundidades del oscuro mundo que forman los océanos cubiertos de hielo de esa luna podrían existir vastos ecosistemas alimentados por fumarolas hidrotermales. Quién sabe qué tipo de criaturas podrían haber evolucionado en ese ambiente, viviendo del calor y las reacciones químicas que se producen cuando la roca fundida entra en contacto con el agua líquida. Por emocionante que sea esta idea, Europa no es el único lugar en el que puede estar ocurriendo algo parecido.

Encélado es una pequeña luna que orbita en torno a Saturno, el gigante gaseoso anillado. En 2005, algunas de las imágenes tomadas por la sonda espacial Cassini, en órbita alrededor de ese planeta, conmocionaron al mundo astronómico. En ellas se podían observar penachos de agua de cientos de kilómetros de altura que explotaban en el espacio tras emerger desde profundas grietas situadas en el hemisferio sur de la luna. Se había descubierto otro océano subterráneo. Cuando los científicos ordenaron a Cassini que atravesara los penachos, los instrumentos de la nave revelaron que el agua era en realidad una *salmuera,* es decir, agua mezclada con sal y otros compuestos. Al añadir sal al agua, esta sufre cambios que los científicos consideran muy importantes para el origen de la vida. Por ejemplo, una salmuera resistirá mejor la congelación que el agua sin sal. Eso podría ampliar su capacidad para albergar sustancias bioquímicas incluso en entornos muy fríos.

Entonces, ¿hay vida en esas lunas? Dios, eso espero. Sería genial. Pero no le voy a mentir; encontrar esa vida no será nada fácil. La única manera de saberlo con certeza podría ser enviando sondas espaciales con módulos que aterrizaran allí después de atravesar los 900 millones de kilómetros que nos separan de Júpiter y los casi 1.300 millones de kilómetros que nos separan de Saturno. ¿Y luego qué? ¿Se abrirán camino perforando kilómetros de hielo? ¿O acaso lo derretirán? Es difícil siquiera imaginar qué clase de tecnología podría hacer esas cosas (o al menos alguna de ellas). Solo el tiempo, el ingenio y la financiación nos dirán cuál es el mejor camino que hay que seguir.

Sin embargo, lo más importante es que si en nuestro sistema solar hay lunas de este tipo, es muy probable que haya muchas más en otros lugares. Eso hace que sea muy posible que exista vida e incluso inteligencia ahí afuera. ¿Podrían surgir civilizaciones tecnológicas en estas lunas oceánicas heladas? ¿Cómo serían? ¿Cómo imaginarían el Universo cuando ni siquiera pueden ver las estrellas? ¿Lograrían alguna vez escapar del hielo? Estas cuestiones se hallan en las fronteras de la ciencia y de nuestra imaginación. Lo que sí podemos afirmar con seguridad es que las lunas oceánicas de nuestro sistema solar son reales y que en ellas podría surgir la vida de un modo que nadie había imaginado con anterioridad.

Exoplanetas

La revolución se producirá gracias al telescopio

«¿Existen otros planetas más allá de nuestro sistema solar?». Esa era una pregunta tan antigua casi como la referente a la existencia de vida más allá de nuestro planeta. Durante el 99,99 % de la historia de la humanidad, nadie sabía si nuestro sistema solar, con su estrella central y su familia de mundos, era una rareza o la norma. Algunos creían que era muy difícil que se formaran planetas como la Tierra o Júpiter. Eso convertía a nuestro sistema solar en una especie de joya extremadamente rara de la galaxia. Otros pensaban que tal vez fuera fácil que se formaran los planetas, lo que convertiría a nuestro sistema solar en algo muy común. La única forma de saberlo era encontrar un planeta que orbitase otra estrella.

Los planetas son muy pequeños y las estrellas muy grandes. Eso explica por qué fue tan difícil encontrar planetas fuera de nuestro sistema solar. Intentar visualizar directamente un planeta en órbita alrededor de una estrella lejana sería como mirar desde San Francisco a Nueva York y distinguir una luciérnaga que revolotea alrededor de una luz en el Citi Field (¡Vamos, Mets!). Buena suerte. Es un problema tan difícil que lo que se intentó durante siglos fue encontrar otras maneras de detectar exoplanetas. Y se fracasó. Mucho.

Dado que la vida surge en los planetas, encontrar alguno más allá de nuestro sistema solar siempre ha sido una de las prioridades de la astronomía. La historia está llena de personas que arruinaron sus carreras por afirmar que habían detectado un exoplaneta. Eso ya ocurrió en la década de 1960. ¿Qué cambió para que los astrónomos pudieran «ver» por fin uno? La tecnología de precisión. El primer exoplaneta se descubrió observando cómo oscilaba la *estrella,* un poco hacia adelante y un poco hacia atrás, debido al efecto relativamente diminuto de la gravedad del planeta. Este método de «velocidad radial» requería instrumentos increíblemente sensibles. También requería que el planeta fuera de un tipo concreto que no existe en el sistema solar. Cuando empezamos a encontrar sistemas solares distintos al nuestro, resultó que los raros éramos *nosotros.*

Recordará que en las clases de ciencia que recibió en Primaria le enseñaron que en el sistema solar hay planetas interiores «rocosos» y planetas exteriores que son «gigantes gaseosos». Los planetas interiores son relativamente pequeños y sus órbitas están muy cerca unas de otras. Mercurio tarda solo 88 días en completar una órbita, mientras que Marte tarda unos 687 días. Los gigantes gaseosos y de hielo de la zona más externa del sistema solar son *mucho* más grandes. Sus órbitas están más alejadas entre sí y pueden necesitar varias décadas para dar una vuelta alrededor del Sol. Al no tener nada más en lo que basarse, era razonable pensar que la arquitectura de los demás sistemas solares era parecida a la del nuestro. Pero la naturaleza no es razonable.

El primer exoplaneta descubierto, llamado 51 Pegasi b porque orbita alrededor de la estrella 51 Pegasi, tenía un tamaño similar al de Júpiter. Su órbita tardaba solo cuatro días en completarse y estaba diez veces más cerca de su estrella de lo que lo está Mercurio, el planeta infernal, de nuestro Sol. Los científicos fueron muy creativos, y a este nuevo tipo de planeta le pusieron el nombre de «Júpiter caliente». Las grandes masas y las órbitas increíblemente cercanas a su estrella favorecen su detección, ya que el bamboleo que inducen en su estrella es mayor. Esto hace que sean fáciles de ver con el método de la velocidad radial, por lo que en poco tiempo se descubrieron muchos otros «Jupíteres calientes».

Más adelante, las cosas se volvieron más extrañas todavía.

Durante las décadas de 1990 y 2000, los astrónomos empezaron a utilizar nuevas técnicas de búsqueda de planetas. La más importante fue la búsqueda de la versión exoplanetaria de un eclipse: cuando un planeta pasa por delante de su sol, bloquea un poco la luz de su estrella. A este minieclipse los astrónomos lo llaman «tránsito», y a finales de la primera década del nuevo milenio ya utilizaban el método del tránsito para detectar exoplanetas al por mayor. La avalancha de nuevos descubrimientos se debió principalmente a un pequeño y heroico Telescopio Espacial llamado Kepler. Antes de la misión Kepler, los astrónomos ya habían descubierto varios centenares de exoplanetas. Solo tres años después de su lanzamiento, Kepler elevó esa cifra a miles.

Muchos de esos planetas recién descubiertos eran asombrosamente extraños. La mayoría de las estrellas del Universo son más pequeñas y menos brillantes que el Sol, por lo que se denominan estrellas enanas. Los planetas de la zona habitable alrededor de esas estrellas enanas están tan cerca de ellas que solo tardan unas semanas en completar una órbita (es decir, su año podría durar incluso una sola semana). Esa cercanía a su estrella hace que, en el cielo del lado diurno de los planetas, esas estrellas se vean enormes, en comparación con nuestro Sol, que parece del tamaño de una moneda de veinticinco centavos sostenida a la distancia de un brazo.

Hablando del lado diurno y del lado nocturno, una de las cosas más extrañas de los planetas situados en la zona habitable de las estrellas enanas es que su sol nunca se mueve. Esos planetas están tan cerca de su estrella que la gravedad de esta fija el giro del planeta a su órbita. Esto significa que el lado del planeta que apunta hacia la estrella siempre es el mismo, lo que implica que, en el lado diurno, el sol se encuentra exactamente en el mismo lugar todo el tiempo. En el lado nocturno siempre es de noche. Y lo será siempre. Cualquier forma de vida que se cree en esos planetas (si es que la vida *puede* surgir en ellos) evolucionaría sin ciclo día-noche. ¿Puede haber vida en el lado oscuro, donde nunca hay luz solar? ¿Y el clima? ¿Cómo funciona el tiempo meteorológico en un mundo donde siempre es mediodía en el lado diurno y medianoche en el otro hemisferio? ¿Y la fotosíntesis? En estos planetas que orbitan estrellas enanas, ¿podrían existir plantas que recogieran la luz de las estrellas? Esas estrellas son mucho más rojas que nuestro Sol amarillo, y es por esa diferencia de color que las llamamos enanas rojas. Los astrónomos se dieron cuenta de cuán extremos podían ser los medioambientes de los planetas de las enanas rojas, incluso los de la zona habitable.

Sin embargo, lo más importante de todo fue el censo planetario que se estaba creando. A principios de la década de 2010, los astrónomos tenían a su disposición datos suficientes para empezar a elaborar estadísticas de planetas. Mientras que en 1992 nadie sabía si existía algún planeta orbitando otras estrellas, en 2012 la humanidad estaba segura de que prácticamente todas las estrellas del cielo albergaban una familia de mundos.

Todas y cada una de las estrellas.

Piense en ello la próxima vez que observe el cielo nocturno. Casi todas las estrellas que vemos tienen al menos un mundo orbitando a su alrededor. Lo más probable es que muchas de ellas alberguen sistemas solares. Y lo que es aún más sorprendente, gracias al nuevo censo planetario, los astrónomos han podido afirmar con certeza que alrededor de aproximadamente una de cada cinco estrellas existe un planeta que se encuentra en la «zona habitable», es decir, una órbita que haría posible la presencia de agua líquida en la superficie del planeta y, por lo tanto, la aparición de vida. Cuando una noche observe el cielo nocturno, piense que, de cada cinco estrellas, es posible que una esté siendo orbitada por un mundo rocoso en el que la niebla podría aposentarse en los valles de las tierras bajas, en el que las olas podrían golpear sus costas y, tal vez, solo tal vez, en el que alguien como usted podría estar empapándose de la luz de su estrella.

La búsqueda de vida extraterrestre cambió por completo con la revolución de los exoplanetas. Aumentó enormemente la probabilidad de que exista vida y nos mostró exactamente dónde y cómo buscarla. Encontrar exoplanetas es uno de los mayores logros de la cultura humana y nos ha puesto en el camino de lo que será, si se llega a producir, el mayor descubrimiento de la historia.

PLANETAS A LO LOCO

El enigma de las supertierras

Es difícil saber qué esperar cuando no te puedes basar en nada. Durante prácticamente toda la historia de la humanidad, los únicos planetas que hemos conocido son los de nuestro sistema solar. A partir de esa pequeña experiencia, ¿cómo podemos decir qué es común y qué es inusual? ¿Es la Tierra un planeta de tamaño medio? ¿Su ubicación con respecto al Sol es la que cabría esperar de la mayoría de los planetas, en particular de aquellos en los que esperamos que surja vida? Es fácil suponer que lo que conocemos es lo normal..., hasta que disponemos de más información.

A medida que cada nuevo exoplaneta se añadía al creciente censo, los astrónomos podían ir aprendiendo qué tipos de planetas eran los más comunes y cuáles eran los raros. Pasados unos años, ya disponían de suficientes datos para definir cómo sería el planeta promedio de la galaxia. Lo que descubrieron fue bastante sorprendente. Hay un tipo de planeta que es bastante común, pero no existe en nuestro sistema solar.

Para hacernos una idea del número de planetas que existen en nuestra galaxia, recordemos qué hay en nuestro pequeño rincón del Universo. Nuestro sistema solar tiene ocho planetas (por favor, no saque el tema de Plutón, ¿vale?). Esos ocho planetas se dividen en tres clases básicas. En primer lugar, están los mundos «terrestres»: Mercurio, Venus, la Tierra y Marte. Son planetas rocosos con atmósferas relativamente delgadas (es decir, que sus atmósferas no pesan mucho en comparación con el resto del planeta). El mundo terrestre más grande es la Tierra, aunque los verdaderos pesos pesados de nuestro sistema solar son los gigantes gaseosos, Júpiter y Saturno. Como su denominación indica, son bolas gigantes de hidrógeno y helio. La masa de Júpiter es más de 300 veces superior a la de la Tierra y su diámetro es 11 veces mayor. Saturno tiene una masa que equivale a 100 Tierras y su diámetro es diez veces superior al de nuestro planeta. Por último, están los gigantes de hielo: Urano y Neptuno. Estos mundos se caracterizan por su capa superior de hielo compuesto de agua, amoníaco y metano, y por tener un núcleo rocoso bastante grande en el centro. Urano y Neptuno son casi iguales en tamaño, siendo la masa del primero unas 14 veces la de la Tierra y su radio cuatro veces el terrestre.

Lo más importante que hemos aprendido en esta pequeña excursión es que en nuestro sistema solar no hay planetas de entre una y 14 masas terrestres: nada, *nothing, niente.* Si no lo supiéramos, y solo tuviéramos nuestro sistema solar como referencia, pensaríamos que la naturaleza no *fabrica* planetas de esos tamaños. Pero estaríamos muy equivocados. ¿Quiere saber cuál es el tipo de planeta más común del Universo? Está justo en ese intervalo, entre una y 14 masas terrestres. Parece que el cosmos tiene sentido del humor.

Los astrónomos ya pueden afirmar con bastante seguridad que la mayoría de los planetas tienen masas comprendidas entre una y diez veces la Tierra. ¿Por qué este dato es importante? Lo es para la vida. Hay que tener en cuenta que los planetas gigantes (de gas o hielo) y los planetas rocosos son realmente diferentes. Los astrónomos están bastante seguros de que nunca surgirá vida en un planeta gigante. Hay una larga lista de razones que sustentan esta conclusión, entre las que destaca el hecho de que estos gigantes de gas y hielo ni siquiera tienen superficie. Las presiones y temperaturas de estos mundos gigantes son tan altas que, aunque no podamos descartar del todo la posibilidad de que surja la vida en ellos, parece que es muy remota en comparación con la que tienen los planetas con superficies en las que hay agua líquida.

Otro tipo de planeta que tienen que analizar los astrónomos son los llamados *supertierras*. Reciben ese nombre porque tienen masas mayores que la de nuestro planeta, pero menores que Neptuno. ¿Qué *es* exactamente una supertierra? Y, lo más importante, ¿son un buen lugar para la vida? Esta última pregunta es la fundamental. Si las supertierras son el tipo de planeta más común, sería estupendo que tuvieran las características necesarias para que surgiera la vida en ellas.

La respuesta a ambas preguntas es que nadie lo sabe. Las supertierras podrían ser lugares con superficies rocosas y atmósferas relativamente ligeras. En este caso, serían versiones a escala de nuestro propio mundo. Si la vida evolucionara en estas supertierras, tendría que enfrentarse a la elevada gravedad del planeta. Esto significaría que todos los animales tendrían patas gruesas, como los elefantes, o tendrían muy poca altura, como los cocodrilos. Sería curioso. Pero dado que la atmósfera estaría más pegada a la superficie, el aire de una supertierra podría ser tan denso que se podría volar con tan solo agitar los brazos (o su equivalente). Eso también sería curioso.

Sin embargo, las supertierras también podrían ser más parecidas a los gigantes de hielo, con enormes y gruesas capas exteriores de una mezcla de gas y hielo. Los núcleos de este tipo de mundos podrían no estar formados por roca fundida y hierro, como ocurre en la Tierra, sino por agua sometida a presiones tan extremas que se formarían nuevos tipos de hielo. A primera vista, estas supertierras no parecen lugares en los que pudiera surgir la vida.

El problema actual al que se enfrentan los astrónomos es que todavía no saben qué tipo de planeta es el más común entre las supertierras. Apenas hemos empezado a observarlos con telescopios de última generación capaces de ver con la profundidad y la resolución suficientes para ayudarnos a averiguar a qué categoría de planetas pertenecen la mayoría de supertierras. También tenemos a nuestra disposición sistemas láser ultraintensos con los que poder llevar a cabo experimentos de laboratorio que recreen las condiciones del interior de una supertierra (algo que estoy haciendo con mi equipo en el Laboratorio de Energía Láser de la Universidad de Rochester). Pero el hecho de que no tengamos ninguna en nuestro sistema solar para estudiarla de cerca complica las cosas. Sin embargo, no hay nada que guste más a un científico que un reto complicado. ¿Serán las supertierras lugares ideales para la vida? Dado que es el tipo de planeta más común en el Universo, ¿serán esos los planetas que alberguen civilizaciones extraterrestres? En caso afirmativo, ¿cómo afectará el tamaño de esos supermundos a la vida y a las civilizaciones que se desarrollen en él? Esas son las preguntas que tenemos que resolver a medida que estos planetas extraordinarios e inesperados vayan saliendo a la luz.

Planetas bola de nieve y planetas oceánicos

Se acerca el invierno, y también las inundaciones

A veces, cuando quiero hacer novillos, voy al Museo y Centro de Ciencias de Rochester para visitar a mi buen amigo, el elefante peludo gigante. Este mastodonte murió hace mucho tiempo, pero no por eso es menos impresionante. Mide tres metros de altura, pesa seis toneladas, tiene una gruesa capa de pelo enmarañado y unos colmillos gigantes. En esta zona del mundo vivían muchos más como él. Pero desaparecieron para siempre. Sigo visitándolo para recordar algo que me pone los pelos de punta: la edad de hielo. Hace solo 20.000 años, mi pequeña ciudad del norte del estado de Nueva York estaba asentada en el fondo de un glaciar cuyo grosor era de unos tres kilómetros. Permítame decirlo de nuevo para que lo pueda asimilar. Rochester estaba bajo tres kilómetros de hielo sólido.

¡Caray!

Las glaciaciones son acontecimientos planetarios. En los últimos millones de años, las regiones septentrionales de la Tierra han estado casi siempre cubiertas por glaciares. Estas edades de hielo pueden durar unos pocos cientos de miles de años hasta que los glaciares empiecen a retroceder (o se fundan). En los periodos interglaciares (que suelen durar unos 10.000 años) que transcurren entre las glaciaciones, pueden surgir cosas interesantes como, por ejemplo, la civilización humana. El proceso es siempre el mismo: glaciar, se derrite y vuelta a empezar. Eso es una edad de hielo.

La idea de que, durante 100.000 años, la superficie que hay entre Seattle y Long Island pudiera estar cubierta por una placa de hielo de varios kilómetros de espesor es bastante extraña. De hecho, lo era tanto que los geólogos tardaron un tiempo en aceptar las evidencias que demostraban que, en el pasado de la Tierra, se produjeron eras glaciales. Ahora, sin embargo, los científicos se enfrentan a algo parecido. Mucho antes de la actual sucesión de glaciaciones, hubo épocas en las que todo el planeta estuvo cubierto de hielo. Esos periodos, denominados fases de «Tierra bola de nieve», «glaciación global» o «superglaciación», son un ejemplo radical de lo que es un cambio climático, y pueden haber tenido efectos profundos en la vida de nuestro planeta. La evolución se enfrenta a serios retos cuando todo el globo está helado. Esas épocas en las que todo era hielo no solo son importantes para la historia de la vida en la Tierra, también lo son para nuestra búsqueda de vida extraterrestre. Si ocurrió aquí, podría ocurrir en cualquier parte, y eso significa que los astrónomos deben preguntarse si la galaxia está inundada de planetas bola de nieve.

Hay pruebas que demuestran que la Tierra ha pasado por tres fases bola de nieve. Dos fueron «relativamente» recientes, ya que ocurrieron hace entre 750 millones de años y 500 millones de años. La más duradera mantuvo a la Tierra bajo el hielo por un periodo de unos 100 millones de años. Mucho antes de eso, hace unos 2.000 millones de años, pudo haberse producido otra fase bola de nieve que duró incluso más tiempo. Durante esos inviernos tan largos, que avergonzarían a *Juego de Tronos,* todos los continentes quedaron sepultados bajo glaciares de kilómetros de profundidad. A los mares y océanos no les fue mucho mejor, ya que quedaron cubiertos por una capa de hielo sólido de al menos nueve metros de espesor.

El inicio de una fase bola de nieve es un momento peligroso para el planeta. Si el hielo consigue cubrirlo todo, puede ser realmente difícil que se llegue a derretir algún día. La climatología planetaria es la ciencia que nos explica la física, la química y la geología de estos procesos. Los estudios sobre Marte, Venus y la Tierra han permitido a los investigadores adquirir unos conocimientos extraordinariamente profundos sobre el funcionamiento de los climas planetarios, así como sobre el cambio climático antropogénico. En la práctica, esto significa comprender cómo la luz solar, la rotación de un planeta, sus corrientes atmosféricas y oceánicas y su química se combinan para establecer su «estado climático». Estos estados son las condiciones meteorológicas medias de un planeta durante miles o millones de años. Por ejemplo, la civilización humana surgió en la época geológica conocida como Holoceno, que dura ya unos 10.000 años. El estado climático del Holoceno ha sido relativamente cálido y húmedo, lo que es ideal para, por ejemplo, la agricultura. Durante las glaciaciones, el estado del clima es diferente. La Tierra se vuelve fría y seca. La sequía se debe a que gran parte del agua queda retenida en los glaciares. Durante las edades de hielo, se congela tanta agua en los glaciares que el nivel del mar puede situarse unos 120 metros por debajo del nivel que tiene actualmente. Esa es la altura de un rascacielos de 40 pisos.

Cuando la fase bola de nieve se pone en marcha, empieza a nevar. El aumento de la cantidad de nieve hace que el planeta refleje más luz solar. Esta rebota y sale disparada hacia el espacio en lugar de calentar el suelo, por lo que la temperatura desciende. En otras palabras, la caída de más nieve crea las condiciones ideales para que caiga más nieve. En climatología, esto se denomina *efecto desbocado,* y explica cómo un planeta puede acabar atrapado en un estado de congelación. La única forma de volver a calentarlo es introduciendo más gases de efecto invernadero en la atmósfera a través de los volcanes y otros procesos. Parece que esto fue lo que salvó a la Tierra. Los volcanes inyectaron en la atmósfera el dióxido de carbono suficiente para elevar lentamente la temperatura e ir derritiendo los glaciares. Pero los modelos climáticos de los exoplanetas muestran que la Tierra puede haber tenido mucha suerte. Las simulaciones por ordenador de planetas alienígenas similares al nuestro muestran que, cuando el planeta se convierte en un congelador, es muy posible que se quede allí para siempre. Si esto es cierto, los mundos bola de nieve pueden ser muy comunes. Incluso podría haber mundos similares a la Tierra que estén congelados a pesar de encontrarse en la zona habitable de su sistema solar. En la película

Interstellar, el planeta donde queda atrapado el malvado personaje que interpreta Matt Damon parece ser un mundo bola de nieve.

¿Puede haber vida en un mundo bola de nieve? Si ya surgió antes de que empezara esa fase, ¿podría sobrevivir y prosperar? Mejor aún, ¿podría evolucionar hasta dar lugar a una civilización tecnológica? Parece posible que la vida microbiana no tuviera ningún problema en vivir en un congelador constante. En la Antártida, los científicos encuentran montones de bichos que viven allí. Sin embargo, la historia puede ser muy diferente en lo que respecta a los animales. Si un planeta se convierte en una bola de nieve antes de que surja la vida compleja y pluricelular, el frío puede ser una barrera que impida la aparición de formas de vida de mayor tamaño. La evolución podría favorecer la proliferación de organismos más pequeños y menos ávidos de calor. Esto significaría que en los mundos atrapados en una bola de nieve no llegarían a surgir especies alienígenas constructoras de civilizaciones. Sin embargo, si el planeta se convirtiera en una bola de nieve después de que apareciera en él una especie inteligente, esta podría encontrar formas de seguir viviendo e incluso de prosperar. No hay ninguna razón implícita por la que esos abominables alienígenas de las nieves no pudieran desarrollar alguna clase de tecnología si tienen acceso a los recursos necesarios. Quizá nuestro primer contacto sea con alienígenas cuyas naves espaciales se asemejen a frigoríficos ambulantes.

La cantidad de hielo que alberga un planeta depende, por supuesto, de la cantidad de agua que haya en él. Un planeta desértico nunca podría convertirse en un mundo bola de nieve. Sin embargo, a medida que se iba desarrollando la revolución de los exoplanetas y los astrónomos elaboraban un censo de esos miles de nuevos mundos que habían descubierto, se dieron cuenta de que una de las características de nuestra Tierra es muy poco común.

Es azul, *y* es marrón.

Aproximadamente tres cuartas partes de la superficie de la Tierra están ocupadas por océanos. El resto es tierra. Eso significa que, cuando el agua de la Tierra ha llenado todas las cuencas bajas del planeta, los continentes siguen estando lo suficientemente elevados como para no inundarse. Aparte de las precipitaciones, los ríos y algunos lagos, la tierra seca permanece seca. Ahí es donde la evolución dio algunos de sus pasos más críticos, incluido el desarrollo de cerebros grandes, necesarios para la construcción de civilizaciones.

¿Por qué la Tierra tiene esa cantidad de agua y no más? Si la reserva de H_2O de la Tierra hubiera sido mayor, entonces (aparte de unas pocas cumbres montañosas) no habría tierra seca en ningún lugar. El nuestro habría sido un mundo oceánico. En la actualidad, los astrónomos creen que ese tipo de planeta puede ser mucho más común que la mezcla de tierra y agua que caracteriza a nuestro mundo.

Para entender cómo es que pueden existir mundos oceánicos hay que preguntarse de dónde procede el agua de esos mundos. Los planetas se forman a partir de discos de gas y polvo, del tamaño de un sistema solar, que rodean a las estrellas recién formadas. Los planetas terrestres, es decir, los mundos rocosos como la Tierra, se van construyendo lentamente a medida que las partículas de polvo de esos discos colisionan entre sí y forman rocas que orbitan alrededor de su estrella. A continuación, las rocas chocan y forman otras cada vez más grandes que también chocan entre ellas y forman bloques de un tamaño similar al de los asteroides (de decenas de kilómetros de diámetro), y así sucesivamente, hasta llegar a crear planetas como Mercurio,

Marte, la Tierra y Venus. Este proceso dura entre diez y 100 millones de años. Además, las colisiones generan mucho calor. Las moléculas de H_2O que pudiera haber cuando se inició el proceso de formación planetaria suelen evaporarse cuando el planeta ya se ha formado por completo, por lo que lo más seguro es que la mayoría de los mundos rocosos nazcan completamente secos. Una vez formados, toda el agua que van a contener ha de *llegarles* de alguna forma. Los «transportadores» son los cometas y los asteroides.

Los cometas, en particular, contienen una gran cantidad de hielo. Un cometa típico puede contener muchos miles de millones de toneladas de hielo, mezclado con material rocoso y polvo[1]. Debieron de chocar contra la Tierra millones de cometas que trajeron el agua suficiente para llenar los océanos. Si eso nos parece mucho, es solo porque no tenemos en cuenta la increíble violencia que vivió la Tierra en su primera etapa y los vastos lapsos de tiempo implicados. Durante sus primeros 500 millones de años, la Tierra fue bombardeada continuamente por restos de la construcción del sistema solar, tales como cometas y asteroides. Si cualquiera de estas colisiones se produjera en la actualidad, nos borraría de la faz del planeta. Sin embargo, antes de que apareciera la vida, los impactos periódicos de cometas y asteroides eran bastante comunes. Incluso unos pocos cometas o asteroides llegando a nuestro planeta con su carga de agua cada 1.000 años habrían sido suficientes para crear los océanos modernos.

¿Por qué conformarnos con unos pocos cometas cada 1.000 años? No es difícil imaginar otro sistema solar donde caiga el doble de esa cantidad sobre un joven planeta rocoso. ¿O por qué no cinco o diez veces más? Si así fuera, se vertería tanta agua sobre un planeta que este acabaría siendo un mundo oceánico.

Todos los continentes se inundarían. Por otro lado, si reducimos, por un factor de diez, el número de cometas que chocan contra el planeta con respecto a lo que ocurrió en la Tierra, no se formarían más que algunos lagos. En ese caso, acabaríamos teniendo un mundo desértico, como Arrakis en la novela *Dune*. Si juntamos toda esta información, llegamos a la conclusión de que tanto los planetas desérticos como los planetas acuáticos se pueden crear de muchas formas. Sin embargo, algo como la Tierra necesita que exista una historia como la de Ricitos de Oro, con asteroides y cometas que traen la «cantidad justa» de agua. Claro que cualquier mención a Ricitos de Oro, si hablamos de astrobiología, nos conduce hasta la cuestión más importante: ¿y qué pasa con la vida y las civilizaciones?

Basándonos en todo lo que sabemos sobre los planetas y su formación, podemos afirmar con seguridad que existen mundos oceánicos, y deben de ser impresionantes. Un mundo oceánico sería una extensión infinita de agua que podría alcanzar profundidades de cientos de kilómetros o más (los océanos de la Tierra no sobrepasan los diez kilómetros de profundidad)*. Los astrónomos y los científicos planetarios apenas están empezando a explorar las probabilidades que ofrecen unos océanos continuos tan profundos. ¿Existen en esos mundos tormentas a escala planetaria? ¿Y huracanes que engullan medio mundo? ¿Qué tipo de potentes corrientes podrían fluir en un océano tan profundo? Y lo que es más importante, ¿puede formarse vida en un mundo oceánico? Y si esta aparece, ¿pueden surgir especies tecnológicamente sofisticadas en un planeta carente de tierra? Ya nos

* Le recuerdo que las *lunas* oceánicas son satélites de otros planetas, gigantes de gas del tamaño de Júpiter. Un mundo oceánico sería un planeta por derecho propio que orbita alrededor de su estrella.

hemos planteado estas cuestiones cuando hemos hablado de las lunas oceánicas, pero se trata de pequeños mundos satélite que podrían carecer de atmósfera. Los mundos oceánicos pueden tener hermosos cielos azules y noches llenas de estrellas que podría contemplar una joven civilización en pleno crecimiento.

Los astrobiólogos tienen razones de peso para pensar que el agua es un requisito previo para crear vida en cualquier lugar. Los planetas desérticos tienen pocas posibilidades de albergar vida y, lo que es más importante, de conseguir una biosfera lo suficientemente rica como para dar lugar a especies inteligentes y capaces de fabricar herramientas. Los mundos oceánicos tendrán, sin duda, agua suficiente, aunque no tendrán continentes. ¿Podrá nacer la vida en ellos *y* evolucionar hasta crear una civilización de alta tecnología?

Puede que el inicio de la vida no sea un problema. Los primeros sistemas biológicos replicantes de la Tierra pudieron haberse formado en las profundidades del océano, en las chimeneas volcánicas. Allí es donde el magma caliente del interior del planeta irrumpe en el lecho marino, proporcionando una fuente de energía y de sustancias químicas con las que puede surgir la vida. Durante gran parte de la historia de la Tierra, la evolución se desarrolló en los océanos. La «colonización» de la tierra no empezó hasta miles de millones de años después de la aparición de las primeras formas de vida.

Utilizando la Tierra como modelo, pensamos que incluso en un planeta totalmente cubierto por agua, la vida podría surgir y evolucionar produciendo organismos cada vez más complejos, algunos dotados con una gran inteligencia. En la Tierra, el pulpo, esa especie que parece casi extraterrestre, ha desarrollado capacidades cognitivas impresionantes, como la fabricación y utilización de herramientas. Igual de impresionante es el hecho de que el pulpo logre estas hazañas con un cerebro que no se parece en nada al nuestro. Cada tentáculo tiene su propia versión de lo que vendría a ser un cerebro, que debe comunicar sus intenciones y decisiones al cerebro central. Esto convierte al pulpo en una especie de criatura con personalidad múltiple. Si este tipo de inteligencia puede evolucionar en los océanos de la Tierra, parece razonable pensar que en los mundos oceánicos puede haber otras especies igualmente inteligentes. Algunas de ellas pueden desarrollar culturas ricas y complejas que construyan grandes cosas; por ejemplo, vastas ciudades colgantes utilizando materiales similares a las algas o el coral. Las posibilidades son tan infinitas como asombrosas.

Sin embargo, cuando se trata de civilizaciones avanzadas en mundos oceánicos, existe un gran obstáculo. Si los océanos de un planeta son lo suficientemente profundos, en el lecho marino las presiones pueden ser tan altas que el agua se congele en formas totalmente nuevas y extrañas. Un fondo oceánico cubierto por una capa de hielo-9 (o como quiera que se llamen estas nuevas formas de hielo) de 15 kilómetros de espesor significaría que no hay fumarolas hidrotermales ni roca fundida mezclada con agua líquida, elementos esenciales para que nazca la vida. Además, los mundos oceánicos en los que se hubiera formado vida que evolucionó hasta producir especies inteligentes siempre serían mundos acuáticos, es decir, mundos sin fuego. Un mundo sin fuego es un mundo sin metalurgia. Si una especie inteligente no tiene un modo fácil de fundir y combinar metales, ¿podría llegar a fabricar ordenadores, radiotelescopios o cohetes? Sin fuego, ¿podría existir algún tipo de industria?

Aún no tenemos respuestas para estas preguntas, pero en los últimos 20 años hemos empezado a detectar muchos mundos oceánicos. En los próximos 50 años, dispondremos de más datos y sabremos mucho más. Tal vez las civilizaciones tecnológicas de los mundos oceánicos hayan aprendido a evitar la necesidad de fuego, lo que les permitiría disponer de alta tecnología e incluso salir de sus planetas. Si es así, dado lo comunes que pueden ser esos mundos, quizá los primeros viajeros espaciales que encontremos vivan en naves llenas de agua salada en lugar de gas oxigenado.

Una posibilidad entre 10.000 trillones

¿Qué nos dice la «línea del pesimismo»?

Durante toda nuestra historia, desconocíamos si había planetas orbitando otras estrellas, pero ahora sabemos que están por todas partes. ¿Qué nos aporta ese conocimiento? ¿Nos hemos acercado realmente a nuestro objetivo? Si lo que realmente nos interesa son los *extraterrestres,* no los planetas alienígenas, ¿qué ha cambiado la revolución de los exoplanetas en lo que se refiere al tema extraterrestre?

Esa pregunta me trae recuerdos, porque es precisamente la cuestión que nos planteábamos mi antiguo profesor Woody Sullivan y yo, allá por 2016, cuando el censo de exoplanetas empezaba a crecer. Woody es radioastrónomo en la Universidad de Washington, en Seattle, y formó parte de la segunda generación de investigadores SETI, la que vino después de Frank Drake. A finales de los años ochenta, cuando el grupo de rap Public Enemy sonaba en todas partes y acababa de estrenarse la película *Depredador,* yo era un humilde estudiante en esa misma universidad. Aunque todavía no me dedicaba a la búsqueda de inteligencia alienígena, mi interés de siempre por el tema de los extraterrestres hizo que me atrajera enormemente el entusiasmo sin límites mostrado por Woody. Seguimos siendo amigos durante décadas. Cuando empecé a preguntarme qué aportaban todos esos exoplanetas al asunto de las *exocivilizaciones,* llamé a Woody. Decidimos que para responder a esa pregunta tendríamos que volver a la ecuación de Drake. Dónde, si no.

Para entender en qué consistió nuestro proyecto de investigación, escribamos de nuevo la ecuación de Drake y recordemos qué significa cada uno de sus términos (si quiere, también puede volver a leer el primer capítulo). Aquí la tiene en todo su esplendor:

$$N = R^{*} \cdot f_p \cdot n_e \cdot f_l \cdot f_i \cdot f_c \cdot L$$

Repasemos en palabras lo que dice la ecuación: el número de civilizaciones alienígenas que podemos detectar en la galaxia (N) es igual al número de estrellas que se forman cada año (R^{*}), multiplicado por la fracción de esas estrellas que tienen planetas orbitando a su alrededor (f_p), multiplicado por el número de planetas en cuyo entorno podría surgir vida (n_e), multiplicado por la fracción de esos planetas en los que realmente surgió vida (f_l), multiplicado por la fracción de esos planetas en los que ha evolucionado una forma de vida inteligente (f_i), multiplicado por la fracción de todos esos seres inteligentes que son capaces de crear civilizaciones tecnológicas (f_c), multiplicado por la vida media de esas civilizaciones (L).

Cuando Drake ideó su ecuación (en 1961), el único término que conocían los astrónomos era el número de estrellas que se formaban anualmente en la galaxia (R^{*}). Los otros seis términos eran una incógnita. Esa confusión permaneció durante tres décadas, hasta que la revolución de los exoplanetas aportó los dos términos siguientes: la fracción de estrellas con planetas orbitando a su alrededor (f_p) y el número de planetas con un entorno propicio para la vida (n_e). Gracias al censo de exoplanetas (del que no paro de hablar), los astrónomos supieron *con certeza* que casi todas las estrellas del cielo tienen al menos un planeta orbitando a su alrededor ($f_p = 1$). También les permitió saber que aproximadamente una de cada cinco estrellas tiene un planeta similar a la Tierra en su zona habitable (en la ecuación sería $n_e = 0{,}2$).

Pasar de conocer un solo término de la ecuación de Drake a conocer tres de ellos es un gran avance si queremos comprenderla por completo. Ese avance también significaba que ya conocíamos todos los términos exclusivamente astronómicos. Habíamos determinado sus valores reales gracias a las observaciones que habíamos realizado con nuestros telescopios. El resto de las incógnitas de la ecuación tienen que ver, de un modo u otro, con la vida. Quedaban por resolver cuestiones puramente biológicas: la biología básica implicada en el inicio de la vida (f_l), la evolución que conduce a la inteligencia (f_i) y la evolución que conduce a la creación de civilizaciones (f_c). La última incógnita, la duración de las civilizaciones (L), pertenece más al campo de la sociología. Nos dimos cuenta de que nuestro siguiente paso debía consistir en reorganizar la ecuación de Drake de forma que nos permitiera plantear una pregunta diferente a la que pudiéramos dar respuesta utilizando los datos reales de los exoplanetas.

La forma original de la ecuación de Drake plantea una única pregunta científica muy concreta: ¿cuál es el número de civilizaciones tecnológicamente avanzadas que hay en la galaxia capaces de emitir señales de radio que podemos detectar? Aún no disponíamos de la información necesaria para responderla, pero solo con unos pequeños cambios, teníamos una pregunta que *sí podíamos* responder: ¿cuál ha de ser la probabilidad de que surjan civilizaciones tecnológicas para que tan solo haya existido o exista una, la nuestra? Puede sonar enrevesado, pero el objetivo de la ciencia es responder a las preguntas que puedas con los datos de que dispongas.

Así que nuestra pregunta significa lo siguiente.

Cada planeta habitable es como un experimento del Universo sobre la vida y las civilizaciones. El hecho de que llegue a surgir una civilización tecnológica dependerá de un montón de factores biológicos, evolutivos y sociológicos de los que ahora no sabemos nada. Si los conociéramos, también sabríamos cuál es la probabilidad de que surja la vida y una civilización en algún planeta de la zona habitable elegido al azar. En otras palabras, podríamos saber cuál sería la probabilidad de que cualquiera de esos experimentos tuviera éxito. Llamémosla probabilidad biotecnológica, la cual podemos representar como f_{bt}. Si esta probabilidad es cercana a uno significaría que en casi todos los planetas de la zona habitable surgiría vida que llegaría a crear una civilización tecnológica. Si f_{bt} fuera cero, entonces ningún planeta estaría habitado por una civilización de ese tipo. Claro que el hecho de que nosotros existamos implica que f_{bt} no puede ser nunca *igual* a cero.

Como ya he dicho, lo malo en este momento de la historia es que no tenemos los suficientes conocimientos sobre biología y evolución necesarios para deducir cuál es la probabilidad biotecnológica *real* fijada por la naturaleza. En otras palabras, no podemos saber cuál es el valor de f_{bt} con los medios de que disponemos, es decir, partiendo de los principios básicos de biología, de la teoría de la evolución y de sociología que ya conocemos. Pero Woody y yo nos dimos cuenta de que, utilizando los datos de los exoplanetas y nuestra adaptación de la fórmula de Drake, podíamos deducir cuál sería el límite de esa probabilidad biotecnológica. Podríamos usar los datos obtenidos para averiguar qué valor debería tener f_{bt} para que nosotros fuéramos la única civilización tecnológica de toda la historia del Universo. ¿Por qué es importante ese límite? Si el valor real que la naturaleza establece para f_{bt} es mayor que el límite que nos proporcionaron los datos, entonces *no* somos la única civilización de este tipo. El límite nos dice cuán probable es que la nuestra sea la única civilización que ha existido en toda la historia del Universo.

Tras recopilar los datos y pensar en cómo modificar la sencilla ecuación de Drake, hicimos una estimación bastante conservadora y llegamos a la conclusión de que el límite de la probabilidad biotecnológica era de uno entre 10.000 trillones. Si parece que es una probabilidad muy pequeña es porque lo es. En notación científica se escribe 10^{-22}, es decir, un cero seguido de una coma decimal seguida de 21 ceros seguidos de un uno. ¿Quiere verlo escrito?

$$f_{bt} = 0{,}0000000000000000000001$$

¿Qué nos dice este número? Dice que la única forma de que seamos la única civilización de toda la historia cósmica es que las probabilidades de que surja una civilización en un planeta sean muy, muy pequeñas. Significa que las probabilidades reales (las que establece la naturaleza con sus leyes de la biología, la evolución y la sociología) pueden ser muy pequeñas y aun así habrían surgido muchísimas civilizaciones durante la historia cósmica. Digamos que, por ejemplo, las probabilidades reales de que surgiera una civilización tecnológica en un planeta fueran de una entre un millón. Ese valor ya es de por sí bastante pequeño. Si usamos lo que Woody y yo ideamos, en el Universo, ¡habría billones de civilizaciones de alto nivel! Eso son muchos klingons, wookies y depredadores con los que poblar el cosmos.

Lo que Woody y yo dedujimos fue que el Universo ha realizado unos 10.000 trillones de experimentos con planetas, vida y civilizaciones a la largo de toda la historia cósmica. La única forma de que fuéramos la única civilización que ha existido sería que *todos los demás* experimentos hubieran fracasado. Si ese es el caso, creo que podemos decir que la naturaleza no favorece en absoluto el surgimiento de civilizaciones. Este sesgo sería tan potente que los pesimistas deberían explicar por qué solo hemos tenido éxito nosotros, razón por la cual llamamos a nuestro límite la «línea del pesimismo». Si la naturaleza estableció que la probabilidad biotecnológica debía estar por debajo de la línea de pesimismo, entonces sí, somos la única civilización de la historia cósmica. Pero si el valor real está por encima de esa línea, entonces no somos los primeros ni los únicos.

Cuando calculé por primera vez esa cifra de 10.000 trillones, sentí algo muy especial. Sabía algo que nadie más sabía. Era como si de repente me hubiera dado cuenta de que «¡santo cielo!, *tiene que haber* extraterrestres ahí afuera».

¿Es eso cierto? Bueno, si queremos ser científicos serios y no enamorarnos de nuestros propios resultados (la esencia de la buena ciencia), tenemos que pararnos y reflexionar sobre la cuestión. Tenemos que admitir que, aunque una probabilidad de una entre 10.000 trillones parece muy pequeña, la probabilidad real podría ser menor. Cuando decimos que un número es pequeño, ¿con qué lo comparamos? Recordemos que ni la biología ni la evolución ni la sociología nos han dado pistas sobre qué podemos esperar. Además, ese límite biotecnológico que Woody y yo establecimos solo nos habla de la *historia* del Universo. No nos dice nada sobre si esas civilizaciones siguen existiendo en la actualidad. Puede que hayan existido 100.000 millones de civilizaciones de klingons y wookies, pero que ya hayan desaparecido. El Universo tiene más de 13.000 millones de años. Eso es mucho tiempo para que las civilizaciones surjan y desaparezcan.

Sin embargo, a pesar de esas advertencias (a la ciencia le gustan mucho las advertencias), es difícil no quedarse boquiabierto al leer esas cifras. Hace apenas unas décadas, nadie sabía si existía algún exoplaneta orbitando otra estrella que no fuera el Sol. Ahora podemos afirmar con seguridad que hay unos 10.000 trillones de planetas en la zona adecuada para que surja vida en ellos. El cielo es rico en mundos. La galaxia es rica en mundos. El Universo es rico en mundos. Diez mil trillones de planetas en zonas habitables son muchos experimentos y muchas posibilidades. Un Universo lleno de mundos implica que existe una muy alta probabilidad de que en muchos de ellos caiga la nieve en cañones silenciosos, que los vientos soplen a través de las cimas de sus montañas y las olas rompan en sus playas doradas. (Sé que digo esto muy a menudo, pero vale la pena dedicar unos minutos a imaginar qué podría estar ocurriendo en esos planetas en este momento). Epicuro tenía razón. Cuando comprendamos todo esto, ya estaremos preparados para dar el siguiente paso y preguntarnos si la vida ha surgido en algunos de estos mundos. Y si es así, ¿cómo podremos encontrarla?

6

VIGILANDO EL COSMOS

¿Cómo vamos a espiar a los extraterrestres?

La revolución de los exoplanetas nos enseñó dónde teníamos que buscar alienígenas. Ahora sabemos qué estrellas tienen planetas. También sabemos cuáles de esos planetas están en la zona habitable, la zona en la que puede surgir vida. Pronto sabremos cuáles de esos planetas de la zona habitable se parecen lo suficiente a la Tierra como para que merezca la pena apuntar hacia ellos con nuestros telescopios. Ahora que sabemos dónde mirar, lo siguiente que hemos de averiguar es *cómo* hacerlo. ¿Qué clase de trucos científicos guardamos bajo la manga que nos puedan ayudar a detectar la presencia de vida extraterrestre a través de los billones y billones de kilómetros que nos separan de las estrellas?

Esta es la parte de la historia que me parece más asombrosa. Aquel niño que soñaba con encontrar vida extraterrestre nunca imaginó lo potentes que llegarían a ser nuestros telescopios y cómo estos se convertirían en nuestra principal herramienta a la hora de buscar pruebas de la existencia de vida más allá de la Tierra. Cada semana, en la Universidad de Rochester, traemos a otros científicos para que nos hablen de sus nuevas investigaciones y nos dejen boquiabiertos. Gracias a todas esas charlas, me he enterado de que existen diferentes métodos que nos permitirán comprobar si hay vida extraterrestre en los mundos lejanos. Después de cada una de estas presentaciones siento la necesidad de pellizcarme. ¿Es cierto? ¿De verdad estamos preparados para hacerlo? La respuesta es que sí, por fin estamos listos. Y vamos a hacerlo. Pero no va a ser fácil, y nos va a hacer falta mucha más creatividad científica.

Aun así, en los próximos diez, 20 o 30 años, vamos a obtener datos sobre las estrellas con los que es muy posible que podamos responder finalmente a nuestra pregunta sobre los extraterrestres. No puedo decirle cuál será esa respuesta, pero sí qué es lo que vamos a buscar. Puedo decírselo porque es exactamente en lo que mis compañeros y yo, junto a toda la comunidad de investigadores de la que tan solo somos una pequeña parte, estamos trabajando incansablemente.

¿Cómo vamos a hacerlo? ¿Cómo vamos a encontrar a los extraterrestres, tanto a los «tontos» (microbios) como a los «listos» (los que crean civilizaciones)?*. La respuesta es que vamos a hacer de espías. Gracias a una serie de avances tecnológicos y teóricos realmente asombrosos, ahora podemos encontrar aliens simplemente observando sus planetas. No necesitamos que nos

---

* No quiero parecer irrespetuoso cuando hago esa distinción entre «tontos» y «listos». Los microbios son capaces de hacer cosas alucinantes como la fermentación, y pueden trabajar conjuntamente de formas sorprendentes. Todos deberíamos sentir un profundo respeto por los microbios, los hongos y los bosques. Sin embargo, para nuestro debate resulta útil distinguir entre la búsqueda de formas de vida que no construyen civilizaciones tecnológicas y las que sí lo hacen.

envíen mensajes. No necesitamos que anuncien su presencia al resto del cosmos. Podemos ser como esos detectives que se encuentran en plena operación de vigilancia, y pasar el rato comiendo donuts y bebiendo café frío mientras observamos y esperamos. Los extraordinarios telescopios y analizadores de luz que hemos construido, junto al profundo conocimiento que hemos adquirido sobre cómo coevolucionan los planetas y la vida, nos aportan las herramientas que necesitamos para espiar silenciosamente a los alienígenas de toda la galaxia.

Biofirmas

Cómo encontrar vida desde la distancia

El planeta más cercano a la Tierra que no forma parte de nuestro sistema solar es el que orbita la estrella Próxima Centauri (parte del sistema estelar triple llamado Alfa Centauri). Está a más de cuatro años luz de distancia, y se tardarían más de 80.000 años en viajar hasta allí utilizando la tecnología aeroespacial más avanzada que tenemos actualmente. Eso significa que, de momento, no aterrizaremos en ningún exoplaneta para buscar vida en él. Por suerte, los científicos son muy testarudos e inteligentes, algo que queda ampliamente demostrado en este libro. Con la nueva generación de telescopios que se está construyendo, se ha abierto un camino que nos servirá para buscar vida en lugares situados a billones de kilómetros de distancia. Ese es el auténtico y sorprendente fruto que nos ha proporcionado la revolución de los exoplanetas.

Tras miles de años haciéndonos preguntas, por fin podremos dar respuesta a la pregunta: ¿existe vida alienígena? Y lo haremos utilizando las *biofirmas*. Llevamos mucho tiempo estudiando el pasado de la Tierra y hemos aprendido mucho sobre el modo en que la vida ha moldeado la historia de nuestro planeta. Una de las cosas más importantes que hemos llegado a comprender es que la suma total de todas las formas de vida de la Tierra (su *biosfera)* ha sido un actor principal en la evolución de nuestro mundo durante miles de millones de años. La biosfera va a ser un elemento muy importante de aquí en adelante, por lo que vamos a hablar mucho más de ella dentro de un momento. Así, a primera vista, nos surgen algunas preguntas clave ¿Hay biosferas en otros planetas? ¿Han cambiado esas biosferas tanto sus planetas como hizo la nuestra con la Tierra? Y lo que es más importante, ¿podemos detectar ese cambio desde la enorme distancia que nos separa de ellos? ¿Podemos encontrar firmas de esas biosferas en la luz de esos mundos alienígenas desde distancias interestelares?

Para responder a todas esas preguntas, vamos a dar un paseo que nos permitirá conocer cuáles son los últimos avances de la astrofísica. Para llegar hasta allí, tendremos que hacer un par de paradas en el camino y recoger provisiones (es decir, ideas clave).

Una de las mejores formas de detectar un exoplaneta es el método del «tránsito». Ya hablamos de él en el capítulo anterior, pero no nos vendrá mal hacer un pequeño resumen. Cuando la órbita de un planeta alrededor de su estrella hace que se posicione entre nosotros y la estrella, el planeta bloqueará parte de su luz. Aquí, en la Tierra, podemos utilizar telescopios que son capaces de detectar esa ligera disminución del brillo de la estrella. Eso es lo que nos permite levantar las manos y gritar: «¡Hurra, un exoplaneta!». Sin embargo, con el tránsito podemos hacer algo más extraordinario todavía.

Cuando se produce un tránsito, la luz de la estrella también atraviesa la atmósfera del planeta (si la tiene). Cuando traspasa el fino velo compuesto por los gases atmosféricos del planeta, parte de ella es captada por los átomos y moléculas del aire extraterrestre. Esta «absorción» de luz es fundamental para detectar vida desde una distancia de billones de kilómetros.

Hace más de un siglo, los físicos descubrieron la existencia de un sorprendente vínculo entre la luz y la materia. Para entender qué fue lo que descubrieron, empezaremos por recordar que la luz no es más que ondas de energía electromagnética. Los diferentes colores de la luz se corresponden con diferentes longitudes de onda de esta radiación. Seguro que recordará que las longitudes de onda de los colores rojos son más largas y las de los azules son más cortas.

Imagine que hace pasar un arcoíris de luz con todos sus colores a través de una caja de hidrógeno puro. Los físicos empezaron a hacer este tipo de experimentos a finales del siglo XIX. Al observar la luz que sale de la caja vemos el mismo arcoíris que introducimos en ella, pero con algunas bandas oscuras. Parece como si algo presente en el interior de la caja se hubiera quedado parte del arcoíris, aunque solo de algunos colores específicos. Algunas de las longitudes de onda azules han desaparecido, y puede que una banda en el rojo se haya oscurecido. Lo mismo ocurre si utilizamos una caja llena de átomos de sodio, solo que en ese caso las bandas oscuras afectan a otros colores. En ambos casos, lo que ocurre es que los átomos de hidrógeno o de sodio han *absorbido* parte de la luz entrante. Cada elemento absorbe solo longitudes de onda específicas. Las demás pasan inmutables.

Al absorber la luz, tanto el hidrógeno como el sodio muestran una especie de huella o firma «espectral». De hecho, cada elemento tiene una huella diferente de absorción de la luz. Las moléculas también. Para los astrónomos, estas huellas espectrales han sido un regalo del cielo y una mina de oro. Les permiten captar la luz procedente de objetos distantes, separarla para analizar las diferentes longitudes de onda que la componen e identificar todas las líneas oscuras de absorción de los distintos elementos y moléculas. De este modo, pueden saber cuál es la composición real del objeto. Para mí es un auténtico milagro.

Bien, ahora pasemos a las atmósferas planetarias.

Analizando la luz estelar que ha atravesado la atmósfera de un exoplaneta, los astrónomos pueden determinar con exactitud la composición de dicha atmósfera. Si hay líneas de absorción de agua en el espectro de la luz estelar, entonces podemos afirmar que en la atmósfera de ese planeta hay vapor de agua. Si hay líneas de absorción características del dióxido de carbono, entonces ese compuesto está presente en la atmósfera del planeta. Este proceso se denomina *caracterización atmosférica*. Es más que un milagro científico, y no voy a seguir adelante hasta que hagamos una genuflexión ante esta maravilla.

Aquí, en la Tierra, un astrónomo puede saber con exactitud cuál es la composición de la atmósfera de un planeta, aunque este se encuentre a decenas, cientos o miles de años luz de distancia. Gracias a este nuevo método, podemos ver exactamente qué hay flotando en las atmósferas de planetas que quizá nunca, jamás, podamos visitar. Es increíble que nosotros, los *Homo sapiens,* que no somos más que un puñado de monos sin pelo, hayamos descubierto cómo sondear atmósferas alienígenas lejanas. Aunque solo sea por eso, este logro nos ha de hacer sentir un poco orgullosos de nosotros como especie, a pesar de todas las cosas horribles que hacemos.

Ahora retomemos la historia donde la dejamos.

La caracterización atmosférica es un gran acontecimiento en sí mismo porque nos permitirá averiguar cómo son los planetas de una forma muy novedosa. Por ejemplo, podremos ver lo que ocurre en las capas externas de los gigantes gaseosos del tipo «Júpiter caliente» que se encuentran tan endemoniadamente cerca de sus estrellas. Mediante la caracterización atmosférica, podremos preguntarnos qué tipo de sustancias químicas se forman en una atmósfera que está más caliente que un horno para pizzas. Gracias a ello, podremos entender cosas básicas sobre los «Jupíteres calientes». Pero ¿de qué nos sirve la caracterización atmosférica en nuestra búsqueda de vida? ¿Por qué saber qué hay en la atmósfera de un exoplaneta nos va a decir si hay vida en su superficie? Para responder a esa pregunta, conozcamos a James Lovelock.

James Lovelock fue un polímata, un genio en muchas materias. Nacido en 1919, como químico empezó realizando investigaciones médicas durante la Segunda Guerra Mundial. En los años cincuenta, inventó un dispositivo portátil y barato que servía para detectar la presencia de cantidades ínfimas de contaminantes químicos en el aire. La patente era tan valiosa que le hizo rico y le permitió hacer todo lo que quiso, incluso ayudar a los Gobiernos que estaban iniciando sus actividades espaciales.

En los años sesenta, uno de los proyectos gubernamentales con los que colaboró Lovelock fue el plan de la NASA cuyo objetivo era enviar sondas a Marte en busca de vida microbiana. Sin embargo, Lovelock vio que ese enfoque tenía un gran fallo. Todos los planes de la misión daban por sentado que la vida en Marte sería como la de la Tierra. Si esa suposición era errónea, las sondas no encontrarían vida, aunque la tuvieran delante de sus narices tecnológicas. Lovelock quería encontrar vida, cualquiera que fuera su forma. Tras pasar unos años trabajando en el proyecto, descubrió que la respuesta también estaba literalmente delante de sus narices. La solución se encontraba en el aire que respiraba.

Lovelock se dio cuenta de que la atmósfera de un planeta era en sí misma una especie de detector de vida. La atmósfera de la Tierra contiene sustancias químicas que no existirían en un mundo carente de vida. El oxígeno es un gran ejemplo. Durante los primeros 2.000 millones de años, la atmósfera de la Tierra no tenía oxígeno.

¿Cómo acabó nuestra atmósfera siendo rica en oxígeno? Lo hizo la vida.

Fue la vida la que bombeó el oxígeno en el aire gracias a que la evolución inventó una nueva forma de fotosíntesis. En algún momento, hace unos 2.000 millones de años, apareció un tipo de fotosíntesis que dividía el agua (H_2O) y escupía el oxígeno (O) de vuelta en el aire. Ahora la atmósfera tiene un 21 % de este elemento. La historia de cómo se produjo este «gran acontecimiento de oxigenación» es una de las más interesantes de la ciencia de la Tierra, pero lo que importa es lo siguiente: si todas las formas de vida desaparecieran mañana, el oxígeno también lo haría rápidamente. La idea clave aquí es que la *biosfera* de la Tierra (la suma total de todas las formas de vida del planeta) mantiene la atmósfera rica en oxígeno. Lo que realmente ocurre es que la vida mantiene la atmósfera fuera del *equilibrio químico*. Es una forma elegante de decir que la biosfera bombea continuamente al aire sustancias químicas que, por sí solas, no permanecerían mucho tiempo en él. Así es como la composición química de la atmósfera terrestre nos indica que la Tierra tiene una biosfera muy activa. El oxígeno atmosférico, por sí solo es una prueba de que la Tierra es un planeta vivo.

Ahora, por fin, podemos unir todas las piezas de esta historia. Gracias a los nuevos métodos de caracterización atmosférica de los exoplanetas, los astrónomos pueden averiguar cuál es la composición química de sus atmósferas. ¿Y qué dijo Lovelock que debíamos observar para saber si un planeta tenía vida? La composición química de su atmósfera. Esa es la respuesta. Si podemos encontrar firmas del desequilibrio químico en la atmósfera de un planeta, entonces habremos encontrado pruebas que demostrarían que ese mundo está habitado. Habremos encontrado una biofirma.

No importa lo lejos que se encuentre ese planeta de nosotros, las biofirmas serán la prueba de que dicho planeta tiene una biosfera, la prueba de que en ese mundo hay vida. Por eso, querido lector o lectora, estamos a punto de entrar en una nueva era revolucionaria en la búsqueda de alienígenas. El descubrimiento de exoplanetas nos mostró dónde teníamos que buscar. El desarrollo de la caracterización atmosférica y la ciencia de las biofirmas nos ha enseñado qué es lo que tenemos que buscar. Como dijo el gran Sherlock Holmes: «¡La partida ha comenzado!».

Podría dejarlo aquí porque..., bueno..., ya tenemos todo lo que necesitamos para encontrar vida extraterrestre. Pero dado que uno de los subtemas de este libro son esos molestos estándares de prueba, quiero que sepa que esta aventura tendrá su dosis de peligro. Tendremos que ser extremadamente cuidadosos a la hora de determinar cuáles deben ser nuestras biofirmas objetivo. Podemos toparnos con falsos positivos, es decir, planetas que, por diversas causas, producen lo que creemos que es una biofirma sin tener una biosfera. Por ejemplo, ya conocemos al menos una forma exótica de producir oxígeno en una atmósfera que no tiene nada que ver con la vida. Esto puede ocurrir en esos planetas que conocimos en el capítulo anterior que orbitan estrellas enanas rojas. Como esos planetas están tan cerca de su estrella, la luz estelar entrante puede fragmentar los átomos de vapor de agua (H_2O) que se encuentran en la parte superior de la atmósfera del planeta. Los átomos de hidrógeno flotan en el espacio, pero los de oxígeno se hunden y permanecen en la atmósfera. Creemos saber cómo tener en cuenta este tipo de falsos positivos, pero puede que otros se nos pasen por alto. Habrá que tener cuidado.

Nos enfrentaremos a otros obstáculos y retos para los que tendremos que estar preparados. Pero los científicos nos levantamos cada mañana para superar dificultades y desafíos. Los resolveremos. Sin embargo, el hecho de que existan esos retos implica que esta partida va a ser larga. Este es un proyecto que durará décadas. Y no hay nada malo en ello. Unas cuantas décadas siendo cautos e inteligentes no son nada si las comparamos con los 2.500 años que han hecho falta para que lleguemos al punto en el que nos encontramos actualmente, en el umbral del conocimiento, a punto de cruzarlo.

TECNOSFERAS Y NOOSFERAS

Cuando la vida inteligente toma el control

La vida se apropia de los planetas en los que surge. Cuando aparece, toma el control, como ocurrió en la Tierra, alterando el destino de los océanos, el hielo, el aire y la tierra. Como sabemos, todo ese oxígeno que tanto disfrutan nuestros pulmones está en la atmósfera solo porque la vida lo puso allí. Pero no se trata solo de oxígeno. Los sistemas radiculares de las plantas pueden alterar la cantidad de suelo que es arrastrado hasta los océanos. Las algas oceánicas crean diminutas partículas que suben hasta la atmósfera, modificando de esa forma los patrones de precipitaciones. La lista de ejemplos es infinita, pero sepa que una Tierra estéril y carente de vida no se parecería en nada a la que conocemos.

Los cambios que producen los microbios y el resto de especies «tontas» son ínfimos si los comparamos con los producidos por una civilización tecnológica. Por lo tanto, si las biosferas son tan importantes para la evolución de un planeta, las *tecnosferas* lo serán todavía más. Son la clave para encontrar civilizaciones alienígenas en la galaxia, el objetivo de nuestro programa de investigación de tecnofirmas de la NASA.

En el capítulo anterior presenté el concepto de biosfera, la actividad colectiva de toda la vida de un planeta. Es un concepto relativamente nuevo en la ciencia. Fue ideado por Vladímir Vernadski, el mayor científico del que nunca habrá oído hablar. Vernadski fue un investigador ruso que trabajó antes y durante la era comunista, razón por la que es muy posible que usted nunca haya oído hablar de él. Siempre tenía ideas geniales cuando se trataba de la vida y los planetas. Inventó las ciencias de la geoquímica y la biogeoquímica. Para él, la vida no era un manto verde sin efecto alguno sobre el mundo en el que habitaba. Era una fuerza dinámica que moldeaba la historia del planeta.

En una serie de conferencias que pronunció en París en 1926, Vernadski presentó al mundo el concepto moderno de biosfera. Explicó que debía ser uno de los principales actores de la evolución planetaria, tan importante como los demás geosistemas: la atmósfera, la hidrosfera (agua), la criosfera (hielo) y la litosfera (tierra). En la actualidad, todo lo que sabemos sobre la Tierra, incluido el cambio climático, descansa sobre los cimientos que colocó Vernadski.

Pero ¿qué tiene que ver este científico ruso con la búsqueda de vida? Ya hemos visto cómo las técnicas de caracterización atmosférica, ideadas por los astrónomos recientemente, hacen posible la búsqueda de biosferas mediante la detección de biofirmas. En realidad, buscar vida extraterrestre es buscar biosferas extraterrestres. Un punto para Vernadski. En esas mismas conferencias de París habló de la acción de los microbios, las plantas y los animales, pero no se detuvo ahí. También propuso que la tecnología podría ser una fuerza mayor que influía en el destino de un planeta. Vernadski anticipó la llegada de la *noosfera*.

En griego, *noos (νοος,* pronunciado nó-os) significa «pensamiento» o «mente». Incluso en 1926, mucho antes de que el cambio climático asomara la cabeza, Vernadski pudo ver el impacto que tenía la civilización humana en el planeta. También se percató de que ese impacto iba en aumento. Con el tiempo, dijo, la biosfera quedaría recubierta por una «esfera de pensamiento». Y así nació el concepto de noosfera, el impacto colectivo de toda la planificación racional y el desarrollo tecnológico humanos. Hoy en día la llamamos tecnosfera.

No hay que mirar muy lejos para ver la tecnosfera que hemos construido. Ahora mismo, mientras lee estas líneas, ondas electromagnéticas invisibles creadas por el pensamiento humano atraviesan su cuerpo. No estoy hablando de ninguna clase de telepatía *new age*. Me refiero a la red inalámbrica de Internet. En la actualidad, la Tierra se encuentra completamente rodeada por una esfera resplandeciente de pensamiento, conocimiento y acción, que ha dado lugar a nuestras tecnologías inalámbricas. Y todos esos pensamientos, conocimientos y acciones tienen consecuencias en el mundo real. Los seres humanos hemos remodelado el planeta hasta tal nivel que, para los científicos, la Tierra está entrando en una nueva era geológica llamada Antropoceno. Por ejemplo, hemos colonizado más de la mitad de la superficie del planeta para nuestros propósitos. Movemos más nitrógeno y fósforo por el planeta que todas las fuerzas naturales juntas. Los animales que hemos domesticado para alimentarnos de ellos pesan más que todos los demás mamíferos de la Tierra. Y, por supuesto, hemos modificado la química atmosférica y el clima del planeta. Para bien o para mal, la tecnosfera es una realidad. Nosotros la construimos y ahora vivimos en ella. Y eso es lo que hemos de buscar para localizar civilizaciones extraterrestres.

Si las biosferas son la clave para encontrar vida alienígena «tonta», las tecnosferas lo son para encontrar extraterrestres «inteligentes». Cuando una civilización empiece a recolectar suficiente energía y la utilice para construir una tecnosfera activa, habrá modificado su planeta lo suficiente como para dejar una huella indeleble. La superficie tendrá un aspecto diferente. La atmósfera tendrá compuestos diferentes. El espacio que lo rodea estará poblado de máquinas (satélites) que no existirían sin la tecnosfera. En otras palabras, cuando en un planeta se ha creado una tecnosfera, empiezan a surgir *tecnofirmas* que podrán ser detectadas desde distancias interestelares y quizá incluso intergalácticas. Aunque es algo que podremos ver en el futuro, los científicos solo lo han creído posible desde hace una década aproximadamente. Resulta irónico que solo hayamos sido capaces de reconocer su existencia cuando hemos visto cómo la nuestra es la fuerza que más está cambiando nuestro planeta. Eso nos ha llevado a imaginar cómo podrían ser las tecnosferas alienígenas que nos lleven miles o millones de años de ventaja.

Tecnofirmas

El día en que la Tierra pareció detenerse

Nos sentíamos como niños y niñas en una tienda de chucherías. Era la mañana del miércoles 26 de septiembre de 2018 cuando me encontraba, junto a otros 50 astrónomos, en una sala de conferencias del famoso Instituto Lunar y Planetario de Houston, en Texas. Habíamos sido convocados allí por la NASA para participar en una reunión titulada «Taller sobre tecnofirmas». Al parecer, el Congreso acababa de ordenar a la agencia espacial que destinara diez millones de dólares a la búsqueda de civilizaciones extraterrestres. Querían que les dijéramos cómo gastarlo.

Durante bastante tiempo, fue muy difícil conseguir que el Gobierno financiase el SETI. Las causas fueron el tratamiento que se le dio al tema ovni y todas esas imágenes de hombrecillos verdes que se utilizaron para que los políticos desprestigiaran el programa SETI a principios de la década de 1990. Pero el reciente descubrimiento de exoplanetas hizo que la NASA incluyera la astrobiología entre sus campos de estudio. Aunque se dejó el SETI al margen, ahora se destinaban fondos considerables a la búsqueda de lo que he llamado vida microbiana «tonta» en otros planetas. Por ejemplo, la NASA puso en marcha varios proyectos destinados a detectar biosferas alienígenas a través de sus biofirmas. Pero, por razones ajenas a la propia agencia, la búsqueda de vida inteligente seguía sin recibir el apoyo que merecía. Lo que hizo que esta reunión fuera tan emocionante fue la idea de que tal vez, solo tal vez, las cosas iban a cambiar. A la NASA parecía atraerle la idea de las tecnofirmas.

El término *tecnofirma* fue acuñado por Jill Tarter, una de las grandes heroínas del SETI. Comenzó su carrera en los años setenta y, durante las décadas siguientes, defendió la búsqueda de vida cósmica con valentía, tenacidad y creatividad. Cuando el tema de las biofirmas empezaba a estar en boga, Tarter tenía muy claro que no había que dejar de lado el programa SETI. Al fin y al cabo, la vida inteligente sigue siendo vida. Tarter reconoció que el SETI siempre había intentado encontrar tecnofirmas. Cuando esa palabra entró en escena, se aceptó que las tecnofirmas son tan solo un tipo muy especial de biofirmas. Ese reconocimiento ayudó a hacer posible esta reunión.

Cuando, en 1960, el SETI se puso en marcha con el proyecto Ozma de Frank Drake, el objetivo eran las «balizas». Para detectar una señal procedente de una estrella lejana, Drake y la mayoría de investigadores del SETI que vinieron detrás de él tenían que dar por hecho que los aliens concentraban sus emisiones de radio en una única dirección. Pero si no emitían un haz, sino que lo hacían en todas las direcciones, su potencia tendría que ser tan alta que, básicamente, sería casi una estrella. Eso era esperar mucho de nuestros hipotéticos alienígenas. Por lo tanto, todo el mundo buscaba balizas, pero eso implicaba que las únicas señales que detectaríamos serían las *intencionadas*. Los aliens tendrían que haber colocado intencionadamente una baliza con la que emitir ondas de radio al espacio y anunciar así su presencia. Esta fue una de las principales estrategias de búsqueda de vida inteligente utilizadas por el SETI durante 60 años. Y entonces, el descubrimiento de exoplanetas abrió nuevas posibilidades en la búsqueda de vida «inteligente», entre ellas el uso de los radiotelescopios que el SETI clásico había estado utilizando.

Una biofirma es la huella *involuntaria* de la presencia de una biosfera que detectamos en la luz procedente de un planeta lejano. No es que los microbios, los bosques y los animales que forman dicha biosfera alienígena intenten anunciar su presencia al

Universo. Simplemente se producen. Lo mismo ocurre con las tecnosferas. En otras palabras, las civilizaciones generarán tecnofirmas tanto si quieren como si no. Es una consecuencia de haber creado dicha civilización. Además, como debatimos alegremente en la reunión, esas huellas se pueden producir de muchas e involuntarias formas. La contaminación, las luces de las ciudades, los reflejos de los paneles solares, las megaestructuras en órbita… La lista de posibles tecnofirmas era muy larga. Y no parábamos de darle vueltas.

Los tres días siguientes fueron muy emocionantes. Lo primero que hicimos fue estudiar el terreno. ¿Qué ideas sobre las tecnofirmas ya habían propuesto los científicos con anterioridad? ¿Qué tipos de telescopios existían ya o se estaban diseñando para encontrar esas tecnofirmas? Pronto nos quedó muy claro que teníamos mucho por hacer. La pregunta más apremiante era la siguiente: dada la gran cantidad de tecnofirmas propuestas, ¿en cuáles deberíamos centrarnos?

Sofia Sheikh, una joven y brillante científica, se hizo cargo de este problema. Analizó todos los debates, y nos propuso clasificar las tecnofirmas en función de su probabilidad de aparición en un mundo alienígena, su duración y su facilidad de observación en comparación con las demás. Sheikh también sugirió sopesar aspectos como la ambigüedad de una tecnofirma concreta y el coste de la investigación. Buscar megaestructuras alienígenas, como las esferas de Dyson (de las que hablé en el segundo capítulo), podría resultar barato en cuanto al tiempo de utilización de los telescopios infrarrojos, pero no podríamos asegurar con certeza que se trata de una tecnofirma y no de una fuente astronómica natural como, por ejemplo, una estrella grande y gastada. En ese caso, las megaestructuras tendrían una puntuación baja en la balanza entre coste y ambigüedad. Si pudiéramos encontrar otra tecnofirma cuya puntuación fuera más alta, deberíamos dedicar nuestros esfuerzos a su búsqueda en lugar de centrarnos en las megaestructuras.

También se abrieron nuevas y excitantes posibilidades para las estrategias clásicas del SETI, basadas en los radiotelescopios. Ahora se podía recurrir a la inteligencia artificial para rastrear automáticamente tropecientas horas de observaciones. Eso significaba que se podrían buscar «anomalías» de muchas nuevas formas. Una anomalía es una señal que no se parece a nada que la naturaleza pudiera producir por sí misma. Este era uno de los principales objetivos de la iniciativa Breakthrough Listen (Escucha Estelar), a la que el multimillonario Yuri Milner contribuyó con 100 millones de dólares. Por fin se disponía de financiación real para comprar tiempo de radiotelescopio y poner en marcha una iniciativa del SETI exhaustiva. Esa iniciativa era, por sí sola, una razón para sentirse entusiasmado y esperanzado respecto al futuro.

En nuestra reunión, discutimos durante horas sobre las cuestiones relacionadas con las tecnofirmas. Luego las discutimos durante más horas, durante la cena. Después, discutimos sobre ellas tomando unas copas y luego en los pasillos de los hoteles en los que nos alojábamos. Cuando terminó la reunión, todos estábamos agotados, pero también muy animados, como si hubiéramos pasado un largo fin de semana surfeando enormes e imposibles olas o esquiando en terreno escarpado sobre una nieve en perfecto estado. Sobre todo, teníamos la sensación de que se estaba abriendo una puerta. Ahora, no solo contábamos con las increíbles posibilidades que ofrecían las biofirmas. La búsqueda de civilizaciones alienígenas también iba a acelerarse.

Por cierto, en el presupuesto final del Congreso desaparecieron esos diez millones de dólares. ¡No me digas! No importaba. Ya estábamos en marcha y no nos podían detener. En el transcurso de un año, mis compañeros y yo presentamos una propuesta y recibimos la primera subvención que otorgaba la NASA para investigar las tecnofirmas atmosféricas. Pronto se concedieron más subvenciones para lo mismo. Era el comienzo de una nueva era. El objetivo largamente perseguido, la búsqueda científica de civilizaciones extraterrestres, estaba, con suerte, a punto de empezar.

El ataque de las megaestructuras alienígenas

La estrella de Boyajian

Una vez puesta en marcha la nueva ciencia de las tecnofirmas, la pregunta clave ha pasado a ser: ¿qué vamos a buscar exactamente? ¿En qué tipo de tecnofirmas se centran mis colegas de la comunidad científica? ¿Qué creemos que hacen los extraterrestres y cómo podemos encontrarlos?

El primer objetivo fueron las megaestructuras alienígenas. En otoño de 2011, un grupo de astrónomos aficionados analizaba los datos obtenidos con el Telescopio Espacial Kepler, diseñado originalmente para buscar exoplanetas al por mayor. Kepler podía observar miles de estrellas a la vez, buscando ese momento en el que un planeta se interpusiera entre nosotros y el sol alrededor del cual orbitaba. Cuando esto ocurría, registraba un pequeño descenso en el brillo de la estrella y, *voilà,* otro nuevo y extraño mundo se añadía a su larga lista de descubrimientos.

En la mayoría de los casos, esos descensos en el brillo de las estrellas (tránsitos) se ajustaban exactamente a lo que predecían los modelos matemáticos que ocurriría cuando un planeta pasara por delante de su estrella. Esta regularidad permitió a la NASA crear una inteligencia artificial (IA) que analizaba los datos antes que nadie y marcaba las estrellas que parecían tener planetas. Pero, en algunas ocasiones, Kepler veía cosas tan extrañas que la IA sufría el equivalente informático a una indigestión. En esos casos, el ordenador devolvía inmediatamente los datos a sus creadores humanos como diciendo «ya te apañarás». Eso ocurrió suficientes veces como para que la NASA creara una página web de ciencia ciudadana llamada Planet Hunters [1], que permitía a aquellos aficionados interesados echar un vistazo a esas rarezas espaciales. Así fue como la estrella conocida cariñosamente como KIC 8462852 saltó a los titulares de todo el mundo.

Habitualmente, los tránsitos se ven como una depresión en forma de U en el brillo de la estrella, y se repite una vez cada traslación. El planeta gira alrededor de la estrella. Pasa entre nosotros y ella, bloqueando parte de la luz, de tal forma que en los gráficos en los que se representa el brillo en función del tiempo aparece un descenso en forma de U.

Sin embargo, en lugar de esas agradables y regulares caídas en forma de U, la luz de la estrella KIC 8462852 parecía la sonrisa de un dragón con problemas dentales. La luz se bloqueaba bruscamente durante un breve espacio de tiempo, creando una profunda forma de V en el gráfico. Y luego nada, hasta que un poco más tarde, aparecían tres breves y abruptas caídas de diferentes profundidades..., y de nuevo nada durante mucho tiempo. No se parecía a nada que pudiera crear un planeta. Alrededor de esa estrella estaba ocurriendo algo muy extraño. En muy poco tiempo, esos disparatados datos llegaron a manos de Tabetha Boyajian, una joven astrónoma que trabajaba en el proyecto de ciencia ciudadana. Para ella tampoco tenía sentido alguno. Así que hizo lo que cualquier científico que se precie haría. Empezó a escribir un artículo científico. Para ello, habló con

Jason Wright, profesor de la Universidad Estatal de Pensilvania (y miembro de nuestro equipo de tecnofirmas de la NASA). Intrigado, Wright también se puso a escribir un artículo científico en el que intentaba identificar sistemáticamente todos los posibles tipos de cosas que podrían estar pasando por delante de KIC 8462852 para que la firma del tránsito fuera tan extraña. ¿Podría ser una nube de cometas en órbita? Tal vez. ¿Y pedazos de una luna rota? Podría ser. ¿Y una serie de nubes de polvo? Sí, es posible. ¿Un enjambre de megaestructuras alienígenas en órbita?

¡Que suene la música!

Sí, megaestructuras alienígenas. Wright decidió incluirlas en la lista de posibilidades que redactó para su artículo. ¿Por qué lo hizo, cuando sabía que podría recibir duras críticas solo por sugerirlo? ¿Era un descarado? ¿Buscaba pelea? ¿Quería salir en la tele? La respuesta es mucho más sencilla. Cuando empezó a buscar una explicación para esa señal astronómica anómala, hacía tiempo que se hablaba de estas megaestructuras.

La posibilidad de que una civilización alienígena avanzada rodease su estrella con colectores solares gigantes se remonta a los primeros años del SETI y a la idea de las esferas de Dyson. Desde aquellos primeros trabajos, las esferas y los enjambres de Dyson se han convertido en una idea esencial para todos los científicos que buscan tecnofirmas de civilizaciones extraterrestres. En 2005, el astrónomo Luc Arnold llevó a cabo un estudio detallado sobre cómo se verían las megaestructuras alienígenas en órbita (como si fueran piezas de un enjambre de Dyson) en el Telescopio Espacial Kepler. Para realizar ese cálculo, Arnold tuvo en cuenta las diferentes formas que podrían adoptar esas megaestructuras alienígenas: triángulos, cuadrados, rectángulos, etcétera. Y llegó a la conclusión de que tales máquinas alienígenas tendrían que ser tan grandes como un planeta. Y, que sepamos, la naturaleza no fabrica triángulos de ese tamaño. Calculó cómo bloquearían esas estructuras la luz al pasar por delante de su estrella. De esa forma, reunió todo un catálogo de tránsitos de megaestructuras alienígenas. Algunas de las curvas de luz calculadas por Arnold se parecían a lo que vio Boyajian en los datos de KIC 8462852. Wright lo plasmó en su artículo.

Evidentemente, Boyajian no estaba afirmando que hubiera hecho tal descubrimiento, y Wright se limitaba a decir que debería estar en la lista de posibilidades. Cuando ambos científicos presentaron una propuesta para buscar con el telescopio señales de un enjambre de Dyson alrededor de KIC 8462852, la prensa se enteró y, en muy poco tiempo, el término MEGAESTRUCTURAS ALIENÍGENAS apareció en grandes titulares y en negrita en la prensa de todo el mundo. El reportaje sobre KIC 8462852 (o estrella de Boyajian, que es como pasó a ser conocida) fue el primero que sugería que algo habría cambiado en la búsqueda de civilizaciones extraterrestres.

Sin embargo, al final, tras mucho trabajo y nuevas observaciones, los astrónomos llegaron a la conclusión de que la mejor explicación eran las nubes de polvo, no máquinas del tamaño de planetas. Sí, lo sé, ¡qué pena! Las nubes de polvo no son tan emocionantes como las megaestructuras alienígenas, a no ser, claro, que usted sea un astrónomo que estudia nubes de polvo, en cuyo caso, permítame que le diga que son apasionantes. Pero la decepción no es lo más importante de esta historia. Gracias al episodio de la estrella de Boyajian nos dimos cuenta de dos cosas muy importantes. La primera, que la revolución de los exoplanetas había reescrito totalmente las reglas sobre la búsqueda de civilizaciones extraterrestres. Y la segunda fue que, por fin, el «factor risitas» empezaba a desaparecer. La inclusión de las tecnofirmas en la lista de posibles explicaciones en los artículos científicos revisados por pares pasó a contar con la aprobación general.

La sugerencia de Wright de que esos misteriosos datos podrían tener un origen alienígena era razonable hasta que se demostrara lo contrario. Fue un hito en la búsqueda moderna de vida e inteligencia extraterrestres. Igual de importante fue el hecho de que los astrónomos comprendieran cuál debería ser el aspecto que tendría una firma si el origen fuera una de las formas más esperadas de supertecnología alienígena. Aunque no fuera el caso de la estrella de Boyajian, ahora creíamos que podríamos encontrar ese tipo de firmas, algún día, en alguna otra estrella.

Contaminación, luces de la ciudad y destellos

Qué nos pueden decir los cielos alienígenas sobre los extraterrestres

Por fin disponemos de telescopios suficientemente potentes para nuestra búsqueda (el Telescopio Espacial James Webb y otros) y sabemos exactamente dónde buscar (exoplanetas). Pero ¿qué buscamos exactamente? Una posible estrategia consiste en buscar cosas raras o, dicho de una forma más profesional, *anomalías*. En la actualidad, el SETI ha adoptado principalmente ese enfoque tan fascinante en su búsqueda por radio, ya que los investigadores cuentan con la ayuda proporcionada por la inteligencia artificial más moderna para analizar una inmensa cantidad de observaciones y buscar en ellas señales que no se parezcan a nada que pueda producir la naturaleza. Otro camino, elegido por mis compañeros de la NASA, consiste en averiguar cómo podría desarrollarse cualquier civilización situada en cualquier lugar de la galaxia. Nuestro trabajo es imaginar cómo podría evolucionar la tecnología y desentrañar qué huellas podría dejar (si dejan alguna). En particular, necesitamos saber qué efecto tendrían esas civilizaciones en sus planetas. Por suerte, la historia de los humanos y la Tierra nos da una respuesta más que probable: los contaminarían.

Por extraño que pueda parecer, a lo mejor la forma más rápida de encontrar una civilización lejana es buscar señales de contaminación en las atmósferas de mundos lejanos. Es obvio que lo que caracteriza a una civilización industrial es su industria. Pero ¿cómo la podemos definir? Pues es el uso de energía para fabricar cosas. Cuanto más *avanzadas* son las cosas que se fabrican (algo más que herramientas sencillas), menos «naturales» parecen. Si algunas de esas cosas avanzadas y antinaturales pueden verse a cientos de años luz de distancia, entonces podemos decir que hemos encontrado una tecnofirma.

Puede que todo esto le parezca muy abstracto. Así que volvamos a la Tierra, literalmente. Los clorofluorocarbonos (CFC) son una clase de moléculas inventadas por los químicos en la década de 1920. *Inventadas* es la palabra clave, porque los CFC no se producen de forma natural. Los CFC contienen cloro, flúor y carbono (lo sé, es obvio), y sus extraordinarias propiedades hacen que sean muy interesantes para la industria. Su respuesta al calor hace que sean ideales para los acondicionadores de aire y, gracias a su reacción a la presión, son perfectos para los aerosoles. Y por estas vías, miles de millones de toneladas de CFC se introdujeron en factorías, oficinas y hogares de todo el mundo. Y, debido a esa enorme producción industrial, llegaron también a la atmósfera millones de toneladas. Fue entonces cuando los científicos descubrieron que los CFC estaban destruyendo la capa de ozono de la Tierra.

¡Ups!

Fue una muy mala noticia, ya que la capa de ozono es la que nos protege de la radiación solar cancerígena. Cuando la gente se dio cuenta de lo que estaba ocurriendo, se reunieron, se cogieron de la mano, cantaron «Kumbaya» y luego se empezó a reducir drásticamente la producción de CFC. Fue algo impresionante, y nuestra reacción se convirtió en el modelo para hacer frente a los gases de efecto invernadero y al cambio climático. En la actualidad, sigue habiendo CFC en la atmósfera, pero sus niveles son mucho más bajos.

De esta historia de industria, aire y química podemos sacar dos conclusiones muy importantes para nuestra caza de extraterrestres. En primer lugar, las sustancias químicas (como los CFC) son un producto exclusivamente tecnológico. En segundo lugar, una civilización industrial puede bombear grandes cantidades de esas sustancias químicas en la atmósfera de su planeta, ya sea a propósito o por error. En nuestro caso, la emisión de CFC fue por error, pero una civilización puede añadir intencionadamente productos químicos a su atmósfera por todo tipo de razones (como la terraformación, que analizaremos más adelante).

Y he aquí el *quid* de la cuestión. Algunas de las sustancias químicas que puede introducir una civilización en su atmósfera podrían ser detectables desde el espacio. Lo sé a ciencia cierta porque esa fue una de las primeras conclusiones de nuestro grupo de investigación de tecnofirmas de la NASA. Lo hicimos utilizando CFC. Dirigido por Jacob Haqq-Misra y Ravi Kopparapu, nuestro equipo elaboró un modelo matemático de un planeta similar a la Tierra, que orbitaba una estrella situada a decenas de años luz de nosotros. Luego pusimos en su atmósfera los mismos niveles de CFC que tenemos ahora en la nuestra. Por último, «observamos» ese exoplaneta con una representación matemática del Telescopio Espacial James Webb. Nuestros resultados mostraron que fue suficiente observar durante unas pocas semanas para detectar la presencia de CFC en nuestra simulación de un planeta extraterrestre habitado. Si se hubiera tratado de un planeta real, podríamos decir que habíamos encontrado pruebas concluyentes de la existencia de una civilización alienígena. Estábamos muy orgullosos y entusiasmados con estos resultados.

Esos resultados fueron todo un avance para la ciencia de las tecnofirmas. Por primera vez, los científicos (nuestro equipo) habíamos demostrado que, utilizando *los telescopios que tenemos en la Tierra* (el James Webb), podríamos detectar la existencia de una civilización cuya tecnología industrial fuera del nivel que *tiene actualmente la Tierra* (caracterizado por la producción de CFC). De esto se puede extraer una conclusión muy sencilla: ahora ya podemos encontrar planetas alienígenas detectando la presencia de una sustancia. Eso no quiere decir que *haya* sustancias químicas industriales en la atmósfera de algún exoplaneta en concreto, pero sí que nos dice que, si las hubiera y sus niveles fueran los adecuados, podríamos detectarlas.

Además de la presencia de sustancias químicas en la atmósfera de los planetas, hay otras formas de detectar que un mundo lejano alberga una civilización. Si observamos una imagen de la Tierra por la noche, veremos cómo todas las ciudades y las carreteras que las conectan están iluminadas como si fueran telarañas luminosas. Un visitante extraterrestre que llegara a la órbita de la Tierra y se fijara en el lado nocturno de nuestro mundo sabría al instante que este planeta está habitado por una especie tecnológica. ¿Podríamos hacer lo mismo buscando luces de ciudades en planetas lejanos? En otras palabras, ¿podría la iluminación artificial ser una tecnofirma? Gracias a los avances tecnológicos con los que hemos construido nuestros telescopios actuales, la respuesta es un sí rotundo.

Las fuentes de iluminación artificial producen potentes huellas espectrales que podrían verse desde un exoplaneta. Tecnologías como las lámparas de sodio o las halógenas que utilizamos hoy en día tienen un efecto global colectivo. La firma de estas luces artificiales quedará codificada en la luz que procede de cualquier planeta alienígena habitado por una civilización que las utilice. En 2021, Thomas Beatty demostró que, con los telescopios que se están diseñando en la actualidad, podríamos detectar esas tecnofirmas[2]. Sin embargo, en sus resultados había una advertencia. Para que pudiéramos detectar la iluminación artificial alienígena con los telescopios que tenemos ahora, el planeta debería poseer muchas más luces urbanas que las que tiene la Tierra. Con nuestra tecnología actual, solo podríamos ver planetas cuyas ciudades fueran tan enormes que abarcaran todo el mundo, como Coruscant, de *La guerra de las galaxias,* o Trantor, de la serie *Fundación* de Isaac Asimov. Los científicos llaman a este tipo de planetas *ecumenópolis,* es decir, ciudades-mundo. (Le daré un euro si es capaz de soltar ese término hoy en una conversación cualquiera).

A medida que la tecnología de nuestros telescopios vaya mejorando en las próximas décadas, podremos hacer algo más que buscar huellas de tecnologías ocultas en la luz de los planetas. La nueva generación de telescopios terrestres que se están construyendo en la actualidad tendrá espejos de 30 metros. Es decir, serán casi tres veces más grandes que los telescopios actuales. Gracias a estas bestias y a los avances en las técnicas de análisis de la luz reflejada por un exoplaneta, los astrónomos podrán obtener imágenes de baja resolución de su superficie[3]. Cuando esto ocurra, habremos dado un paso de gigante. Lo primero que podríamos hacer con esos telescopios monstruosos y con las nuevas técnicas sería buscar directamente regiones brillantes en la cara nocturna de los planetas. También podríamos cartografiar las fuentes de calor locales para rastrear los posibles emplazamientos de las industrias donde se aprovecha la energía para realizar un trabajo de mantenimiento de la civilización. Si cartografiar un planeta alienígena de ese modo le parece una idea radical, está en lo cierto. Pero si tiene menos de cincuenta años, es probable que viva para verlo.

Las últimas tecnofirmas que vale la pena mencionar son los colectores solares. En 2017, Manasvi Lingam y Avi Loeb explicaron cómo las civilizaciones que utilizan paneles solares a escala planetaria producirían tecnofirmas detectables[4]. Lingam es un teórico realmente talentoso con un conocimiento enciclopédico de la literatura científica. Cuando la luz de la estrella incide en un colector solar, parte de esa luz es absorbida y parte rebota hacia el espacio. Piense en el destello de cualquier objeto reflectante. La luz reflejada deja una huella de su encuentro con el colector solar. Lingam y Loeb demostraron que esa huella estaría ahí independientemente del tipo de material que los extraterrestres utilizaran para recoger la radiación solar. En la naturaleza existen solo algunos elementos, como el silicio, que, utilizados de la forma correcta, pueden convertir la luz solar en electricidad. Lingam y Loeb denominaron «borde ultravioleta» a la firma que los colectores solares dejan en la luz reflejada. Se trata básicamente de un enorme salto en la reflectividad que se produce justo alrededor de la región ultravioleta del espectro.

Lo más interesante de esto es que, desde hace tiempo, los astrobiólogos saben que nuestra biosfera impone un marcado «borde rojo» en el espectro de la Tierra. Al observar la Tierra desde una de nuestras naves espaciales, los científicos descubrieron que se produce un gran salto en la forma en la que la Tierra refleja la luz solar en el límite existente entre las longitudes de onda verde y roja. Este borde rojo se debe al rebote de la luz solar en todas las hojas de todos los árboles de todos los bosques de nuestro planeta. Algo similar debería ocurrir en cualquier planeta en el que se produzca la fotosíntesis a gran escala. Durante un tiempo, el borde rojo ha sido una de las biofirmas favoritas de los científicos. Pero ahora, gracias a Lingam y Loeb el borde ultravioleta puede ser una de nuestras mejores tecnofirmas potenciales.

Artefactos del sistema solar

¿Has dejado esto aquí?

El 20 de julio de 1969, Neil Armstrong y Buzz Aldrin guiaron de forma segura su módulo de aterrizaje lunar hasta la superficie de la Luna. Colocaron una bandera, desplegaron algunos instrumentos científicos y regresaron al espacio, dejando la mitad inferior del módulo de aterrizaje (la dedicada al descenso) en la superficie. Estuvieron en la Luna unas veintidós horas, que, sin duda, fueron trascendentales, pero que palidecen en comparación con el tiempo que permanecerá ese material en la Luna. Sin viento ni lluvia que los erosionen, los artefactos que dejaron Armstrong y Aldrin se mantendrán intactos y a la vista probablemente durante millones de años.

Esa extraordinaria escala de tiempo hace que nos planteemos una pregunta igualmente extraordinaria. Si nuestras cosas van a permanecer intactas en la Luna durante tanto tiempo,

¿qué pasaría con las cosas que alguien, o algo, dejara en nuestro satélite en una visita? Dicho de una forma más sencilla, si los alienígenas que estuvieran de paso por el sistema solar hace mucho tiempo dejaron material en la Luna, ¿podríamos encontrarlo?

Esta es la principal cuestión que se plantea una rama completamente separada de los estudios de las tecnofirmas, especializada en buscar artefactos en el sistema solar. La idea básica es tan simple como asombrosa. Mientras la exploración del sistema solar entra en su siguiente fase, deberíamos dedicar parte de ese tiempo a buscar objetos abandonados por los alienígenas. Para ver a qué se refieren concretamente los investigadores de esta rama del SETI, empecemos con los tipos de búsqueda que están comenzando a ser viables para nosotros. La Luna es un buen punto de partida.

En las décadas que han trascurrido desde que se puso en marcha el programa Apolo, se han enviado muchos robots que han orbitado alrededor de la Luna para obtener imágenes de su superficie. Estas imágenes han llegado a ser tan buenas que hemos podido elaborar un mapa casi completo del terreno, con una resolución de aproximadamente un metro. En principio, con esa claridad podríamos buscar en los casi 38 millones de kilómetros cuadrados de la Luna pruebas dejadas allí por antiguos visitantes. Si lo hiciésemos a mano tardaríamos toda una vida. Nadie tiene tanta paciencia. Sin embargo, gracias a la inteligencia artificial, un ordenador puede hacer el trabajo por nosotros. Usando el aprendizaje automático, se puede entrenar a un ordenador para que busque anomalías en esas imágenes de superficie. En este caso, las anomalías son cosas que no parecen rocas. En 2020, un equipo de investigadores del Laboratorio de Propulsión a Chorro de la NASA hizo exactamente esto en una región mucho más pequeña alrededor de la zona de alunizaje del Apolo 11. La inteligencia artificial detectó fácilmente la presencia del módulo de aterrizaje. El siguiente paso, si el equipo consigue financiación, será hacer una búsqueda utilizando imágenes que cubran toda la superficie de la Luna.

Además de buscar artefactos tecnológicos extraterrestres en la superficie de lunas y planetas, también podríamos buscar máquinas alienígenas que estén navegando por el espacio interplanetario. En este caso, el problema es el constante tirón gravitatorio que ejercen los planetas mientras orbitan alrededor del Sol. Con el tiempo, esos pequeños tirones desestabilizarán el movimiento orbital de cualquier artefacto. Tras cientos de miles o millones de años, la mayoría de los artefactos que pudieran haber dejado los alienígenas en órbita serían arrastrados hacia el Sol o se estrellarían contra un planeta. Para que nuestro planteamiento funcione, los científicos deben identificar órbitas alrededor del Sol o de los planetas que sean estables durante miles de millones de años. Debemos abarcar periodos de tiempo tan largos porque no podemos saber cuándo llegaron nuestros hipotéticos visitantes alienígenas. Si, por ejemplo, pasaron por aquí hace 100 millones de años, cuando las criaturas dominantes eran los dinosaurios, tendrían que haber dejado sus pruebas en una órbita concreta para que nosotros las pudiéramos encontrar.

Abordemos ahora una cuestión que se deduce de todo esto y que nos trae de cabeza. ¿Podrían los extraterrestres haber *visitado* nuestro sistema solar? Creo que eso es menos probable que encontrar alguna tecnofirma de esos planetas alienígenas. Si queremos encontrarlos, lo mejor es ir a buscarlos donde viven (exoplanetas), no en un planeta alejado como la Tierra.

La primera vez que oí hablar seriamente a alguien sobre la posibilidad de que en el sistema solar podría haber artefactos alienígenas fue en 2020, durante una presentación en un encuentro sobre tecnofirmas. El ponente hablaba de los *lurkers,* el término utilizado para las hipotéticas sondas enviadas por otras civilizaciones para observar la Tierra. En ese momento, me di cuenta de que, si encontráramos un planeta que tuviera biofirmas, en cuanto pudiéramos, enviaríamos «algo» para espiarlo; por ejemplo, un robot que atravesaría el espacio interestelar y que, una vez llegado al planeta que alberga una biosfera, lo observaría y nos mandaría datos. Si todo saliera bien, enviaríamos otro, y luego otro y otro. No voy a mentir; la idea me produjo escalofríos. Hasta ahora, para mí no tenía mucho sentido el hecho de que los ovnis portaran extraterrestres, pero sí que lo tenía que enviaran naves o sondas para investigar. No se trataría, pues, de visitantes de cabeza triangular que venían a abducir humanos, sino de máquinas enviadas a través de las inmensas distancias interestelares para recoger datos. Sin embargo, antes de adherirme finalmente a esta idea, tendría muchas preguntas que hacer. ¿Por qué estas sondas parecen ser lo bastante avanzadas como para ocultarse de nosotros y, al mismo tiempo, tan malas camuflándose, ya que casi siempre las vemos («el argumento de las luces de carretera» del capítulo 4)? Y esa es *solo* la primera de mis preguntas.

Sin embargo, no es necesario creer que los ovnis transportan extraterrestres para seguir pensando que la búsqueda en el sistema solar de artefactos creados por una inteligencia extraterrestre merece la pena. El Sol y sus planetas tienen más de 4.000 millones de años de antigüedad. Los artefactos enviados al sistema solar o dejados por viajeros de paso pueden haber llegado aquí en cualquier momento del pasado. Podrían llevar mucho tiempo inertes e inoperativos, pero seguirían siendo detectables. Recientes o antiguos, esos artefactos deben ser un objetivo de la investigación de tecnofirmas. Gracias a nuestros nuevos avances tecnológicos (la inteligencia artificial y la exploración interplanetaria), por fin ha llegado el momento de iniciar esas búsquedas en serio.

¿Era Oumuamua una sonda alienígena?

Alguien ha venido a vernos

El extraño objeto llevaba eones oculto en la oscuridad del espacio profundo, cruzando en silencio la larga distancia que separa una estrella de otra. Ahora, la luz del Sol, estrella natal de la Tierra, se hacía más brillante a medida que cruzaba la órbita de Neptuno y se adentraba en los dominios de nuestro sistema solar. Sin embargo, no se quedaría mucho tiempo. Cuando la humanidad se diera cuenta de que llegaba un visitante galáctico, solo dispondría de unos meses para estudiar al intruso antes de que pasara a toda velocidad junto al Sol y desapareciera en la oscuridad para siempre.

Esta es la premisa de *Cita con Rama,* la novela de ciencia ficción de 1973, escrita por Arthur C. Clarke. Una nave alienígena de varios kilómetros de largo y forma de cigarro se precipita silenciosamente a través del sistema solar en una misión desconocida hacia un destino igualmente desconocido. Aunque al principio se creyó, erróneamente, que se trataba de un cometa interestelar, cuando se dieron cuenta de su error, los humanos enviaron una nave para que investigase. Treinta y cinco años más tarde, la vida imitaría a la literatura cuando Oumuamua apareció de repente en los confines de nuestro espacio.

El Telescopio de Sondeo Panorámico y Sistema de Respuesta Rápida (PAN-STARRS, por sus siglas en inglés) está situado en la cima del volcán Haleakalā, en la isla de Maui (Hawái). Pertenece a la Universidad de Hawái y está diseñado para barrer continuamente el cielo en busca de objetos transientes, es decir, objetos celestes que cambian repentinamente o que aparecen y desaparecen con rapidez. En la noche del 19 de octubre de 2017, el telescopio PAN-STARRS descubrió un transiente diferente a todos los localizados hasta entonces. El objeto, al que denominaron 1I/2017 U1, no era un cometa o un asteroide orbitando alrededor del Sol. Por su velocidad y movimiento, el 1I/2017 U1 estaba claramente de paso. No formaba parte de nuestro sistema solar. Era un visitante.

El 1I/2017 U1 fue el primer intruso interestelar jamás visto en el sistema solar, por lo que fue una gran noticia. Al principio, algunos astrónomos pensaron en llamar al objeto Rama, pero el consenso pronto se decantó por Oumuamua, que en hawaiano significa «explorador». Un día después de su aparición, la comunidad astronómica empezó a estudiarlo. Los astrónomos se apresuraron a realizar el mayor número posible de observaciones antes de que desapareciera de nuevo en el espacio interestelar. Su principal objetivo era responder a la pregunta más básica de todas: ¿qué era? Los estudios teóricos habían predicho durante mucho tiempo que tanto los cometas como los asteroides podían salir despedidos fácilmente de un sistema solar hacia el espacio interestelar. Lo más probable es que la eyección se produjera tras un encuentro cercano con un planeta del tamaño de Júpiter. Sin embargo, los datos que se iban recogiendo no facilitaban su clasificación.

Para empezar, su forma era extraña. Al observar detalladamente la luz que reflejaba Oumuamua, los astrónomos dedujeron que la relación entre su longitud y anchura era extrema. Es una forma elegante de decir que, o era largo y delgado, como un cigarro, o plano y redondo, como una tortita. Es difícil que se creen cosas así de forma natural. Además, en el sistema solar nunca se había visto un objeto de ese tipo.

Lo siguiente que llamaba la atención era su movimiento. Cuando un objeto «inerte», por ejemplo, un asteroide, orbita alrededor del Sol, las únicas aceleraciones (cambios de velocidad) que pueden producirse se deben a la gravedad. Sufre principalmente la atracción del Sol, pero también la de los planetas. Con un buen ordenador se puede analizar cómo influyen en el movimiento de un objeto todos estos tirones gravitatorios y predecir cómo serán sus aceleraciones. Si se observa que la aceleración producida es mayor que la que predicen los modelos, quiere decir que dicho objeto no es «inerte». Algo debe de estar pasando en su superficie. Esto suele ocurrir a menudo en los cometas, ya que, básicamente, son bolas sucias de hielo del tamaño de una montaña. Cuando se acercan al Sol, se calientan y parte del hielo se evapora. Empiezan a salir chorros de vapor a través de grietas de su superficie. Cada chorro actúa como un pequeño motor de cohete que empuja al cometa hacia un lado u otro. Estas aceleraciones no gravitacionales siempre van acompañadas de nubes detectables de vapor de agua y otros compuestos que son expulsados con los chorros.

Los astrónomos que siguieron a Oumuamua detectaron que se produjo una aceleración no gravitacional constante. La conclusión fácil e inmediata podría haber sido que se trataba del núcleo de un cometa expulsado de algún sistema estelar lejano. Sin embargo, los astrónomos no encontraron ningún chorro de gas o vapor. Si los había, eran invisibles.

Así pues, para los astrónomos, Oumuamua se convirtió en un gran dilema. Habían detectado algo nuevo en el cielo, pero no podían explicar sus propiedades. No es algo nuevo. A menudo, los astrónomos ven cosas que no comprenden del todo. Solo después de agotar todas las explicaciones sencillas, fáciles y comprensibles, pasan a la categoría llamada «Pero ¿qué diablos es esto?». Ahí es donde se situarían las naves extraterrestres.

Avi Loeb, en colaboración con Shmuel Bialy, pensó que esa era una posibilidad real. Loeb era el director del Departamento de Astronomía de Harvard cuando, junto a Bialy, escribió varios artículos científicos en los que sugería que Oumuamua podría ser una vela solar. Como ya comentamos en el capítulo 4, durante mucho tiempo se ha creído que una de las formas de obtener propulsión interplanetaria sería mediante velas solares, e incluso hemos probado algunas en órbita terrestre. Para Loeb y Bialy, valía la pena considerar la posibilidad de que Oumuamua fuera una máquina lanzada por otra especie que se encontraba de paso por nuestro sistema solar. Era algo parecido a lo que ocurrió con la estrella de Boyajian. Su inicialmente inexplicable tránsito dio pie a que se sugiriera que se trataba de una megaestructura alienígena. En este caso, la diferencia, y la causa de la conmoción creada, fue que cuando Oumuamua desapareció, lo hizo para siempre. Al cabo de un año estaba tan lejos que ni siquiera nuestros mejores telescopios podían verlo. Nunca más volveríamos a tener noticias suyas.

A falta de nuevos datos, solo nos quedaba recurrir a los antiguos. A partir de la información disponible, la mayor parte de la comunidad científica cree que Oumuamua era el núcleo calcinado de un cometa extrasolar. Se han ofrecido diversas explicaciones tanto para justificar la forma del objeto como sus aceleraciones no gravitatorias. Por ejemplo, algunos investigadores han argumentado que Oumuamua estaba hecho de hielo de nitrógeno y no de agua o dióxido de carbono (hielo seco). A diferencia del agua o el dióxido de carbono, el nitrógeno gaseoso es muy difícil de detectar, así que quizá esa sea la mejor explicación. Sin embargo, Loeb y Bialy creen que los cometas no pueden formarse a partir de hielo de nitrógeno. Loeb insiste en que las explicaciones «naturales» que se han propuesto no explican las propiedades de Oumuamua. Para él, la mejor explicación, y la más razonable, es que se trataba de un artefacto alienígena que vagaba por nuestro patio trasero.

Al estar ya fuera de nuestro alcance (aunque algunos creen que deberíamos enviar una sonda para alcanzarlo), no hay forma de saber lo que es en realidad. Según los estándares de prueba de los que tanto he hablado, el hecho de que no tengamos más información resta verosimilitud a la hipótesis extraterrestre. No tenemos datos suficientes para sacar una conclusión definitiva sobre Oumuamua. Eso significa que, aunque no se puede descartar la posibilidad de que se trate de una vela solar alienígena, tampoco debería ser la primera opción de la lista. Es una cuestión que seguirá siendo una incógnita.

Sin embargo, Oumuamua ya no es el centro de atención. Ya hemos descubierto otro visitante interestelar que está atravesando el sistema solar, el conocido como 2I/Borisov. En este caso, se ha confirmado que se trata de un cometa extrasolar. Pero si han llegado dos, seguro que llegarán más, y ahora que lo sabemos, estaremos atentos. Tal vez el próximo visitante, o el siguiente, sea un artefacto creado por una civilización inteligente al que podríamos llamar Rama.

Terraformación

Cómo diseñar un planeta habitable

Es difícil encontrar planetas cuyas condiciones sean ideales para la vida. Tanto si se trata de seres humanos que intentan hallar nuevos mundos en los que asentarse como de alienígenas que buscan un nuevo hogar, no resulta nada fácil dar con el planeta adecuado. La mayoría no lo son. Como ocurre con Mercurio en nuestro sistema solar, muchos ni siquiera tienen atmósfera. Y es posible que, en el caso de encontrar un planeta con atmósfera, esta no tenga los gases que la especie en cuestión necesita para respirar. Si fuera así, ¿qué puede hacer una civilización espacial avanzada? Diseñar el nuevo mundo para que sea como el suyo.

Ese proceso, que llamamos terraformación, es un elemento básico de la ciencia ficción que aparece en películas y series de televisión como *Aliens, Star Trek* y *Firefly,* y en videojuegos como *Horizon Zero Dawn* y *The Outer Worlds*. Elon Musk ha hablado mucho de la terraformación de Marte, y da la impresión de que es un proceso que estaría al alcance de cualquier civilización suficientemente avanzada. Si ya lo hubieran hecho, los efectos de dicho proceso podrían ser tan obvios que deberían ser considerados una enorme y brillante tecnofirma. Pero para entender cómo podríamos encontrar vida inteligente detectando los efectos de su ingeniería planetaria, primero tenemos que entender en qué consistiría el proceso de terraformación.

Supongamos que el planeta en el que quiere vivir es una porquería y quiere convertirlo en un paraíso. ¿Qué hay que hacer? ¿Qué pasos y qué tecnologías necesita para llevar a cabo la transformación?

¿Su planeta no tiene atmósfera?

Si es así, tendrá que empezar desde cero. Lo primero que tendrá que hacer es encontrar algunos cometas y redirigir sus órbitas para que choquen contra su planeta. Los cometas están llenos de cosas como dióxido de carbono (CO_2) y agua (H_2O)

que necesitará para construir un buen manto de gases alrededor de su nuevo mundo. El CO_2 también es un gas de efecto invernadero, así que le ayudará a conseguir que las temperaturas diurnas sean agradables. El agua puede descomponerse fácilmente liberando oxígeno, el cual, en su caso, podrá respirar. Es evidente que no querrá quedarse en la superficie durante la fase de la terraformación en la que, como si fuera el Apocalipsis, «caen cometas sobre el planeta». Pero cuando se disipe la niebla (al cabo de unos siglos, más o menos), podrá seguir con el proceso.

También podrá obtener parte de lo que necesita en las reservas congeladas del propio planeta. Puede que contenga una gran cantidad de lo que los físicos planetarios llaman *volátiles,* enterrados en las profundidades de su mundo, y que le serán muy útiles a la hora de crear una atmósfera. Los volátiles son elementos y compuestos como el nitrógeno, el dióxido de carbono, el amoníaco y el metano. A temperaturas relativamente bajas (en ese caso, a temperatura ambiente) todos ellos se convierten en gases. El metano y el amoníaco serían terribles para los humanos (el primero huele a pedos y el segundo se come los pulmones), pero igual a los extraterrestres les saben a gloria. Cabe señalar que los planes para terraformar Marte suelen depender de la extracción del CO_2 que se encuentra en sus extensas capas de hielo. Por desgracia, las investigaciones más recientes indican que puede que el CO_2 encerrado en Marte no sea suficiente para terraformar el planeta.

¿Su planeta tiene atmósfera, pero no le sirve para nada?

Si su planeta ya tiene atmósfera, pero no es del tipo adecuado, puede que tenga que hacer lo mismo que en el caso anterior. Para terraformar hay que crear una atmósfera y un clima apropiados para nosotros. Si el planeta en cuestión es como Marte, habrá «aire», pero no el suficiente para mantener caliente la superficie. Además, nuestra forma de vida necesita mucho más oxígeno que el que hay disponible allí. Por lo que habrá que buscar cosas que al fundirlas y vaporizarlas aporten los elementos y compuestos que necesitamos para que estén en nuestra atmósfera. Si no es así, habrá que recurrir a los cometas.

Sin embargo, en los planetas que son como Venus ocurre todo lo contrario. Venus tiene *demasiada* atmósfera, y toda ella está compuesta por CO_2. Para poder terraformarlo habría que poner en órbita un parasol gigante que bloquease la luz solar. Eso enfriaría el CO_2 y lo condensaría fuera de la atmósfera. Quedaría una especie de hielo seco espumoso que cubriría la superficie. Luego habría que recoger y enterrar todo ese CO_2. Quitar la nieve de todo un planeta no es, obviamente, una tarea apta para especies con una tecnología poco desarrollada. Solo las más avanzadas podrían lograrlo.

Si no le queda otra que tener que diseñar una atmósfera, también tendrá que hacer lo mismo con la biosfera. Si lo que quiere es un mundo lleno de flores y árboles, tendrá que plantarlos. Un planeta habitado implica tener una biosfera rica con millones de especies diferentes que viven juntas (y comiéndose unas a otras). Es posible que no pueda importar la flora y la fauna de su planeta de origen, por lo que tendrá que modificar genéticamente algunos microbios para poner así en marcha la biosfera de su nuevo mundo. Una vez iniciada, también ayudará a que entren y salgan de la atmósfera los elementos adecuados. Eso es lo que ocurre en la Tierra, donde el oxígeno de la atmósfera procede de la actividad de todas las formas de vida. Ese es el modelo que ha de seguir si quiere tener éxito.

Eso es todo. Bastante fácil, ¿no? Solo tiene que poner en marcha el proceso, esperar unos siglos (o milenios) mientras hace los ajustes necesarios y, *voilà,* ya podrá vivir en su nuevo mundo.

¿Cómo puede la terraformación convertirse en una tecnofirma? Una posibilidad, sugerida por Jill Tarter, es encontrar una cadena de planetas idénticos orbitando alrededor de una estrella lejana. Los planetas rocosos de nuestro sistema solar son muy diferentes entre sí. Mercurio no tiene atmósfera. Venus tiene demasiada atmósfera y un enorme efecto invernadero. La Tierra tiene atmósfera y océanos. Marte es un desierto seco y helado con una atmósfera muy fina. Teniendo en mente esa disparidad, imaginemos que encontráramos otro sistema solar con tan solo cuatro planetas rocosos, y que todos ellos tuvieran exactamente las mismas atmósferas y climas. Imaginemos que todos tuvieran un 21 % de oxígeno y una temperatura superficial media de unos 15 °C. Sería bastante improbable que esas condiciones idénticas se hubieran producido por sí solas, y serían un indicio de que esos planetas fueron diseñados a propósito para que tuvieran esas características tan concretas.

Otra forma de que la terraformación se convirtiera en una tecnofirma es que pilláramos a los alienígenas modificando un planeta. Si, por ejemplo, quisiéramos terraformar Marte, una opción sería bombear compuestos químicos artificiales que provocaran un efecto invernadero en la atmósfera para calentar así el planeta. Recordemos que ya tenemos un montón de ellos en forma de CFC. Los CFC son mucho mejores que el CO_2 a la hora de provocar un efecto invernadero, por lo que es posible que detectáramos esas sustancias en la atmósfera de un planeta que se estuviera terraformando.

Por desgracia, nadie sabe a ciencia cierta si es posible terraformar un planeta. Tal vez sea imposible crear un clima adecuado.

O puede que, aunque se pudiera crear la atmósfera deseada, esta se volviera inestable y colapsara al cabo de un siglo más o menos. Pero si sobrevivimos a nuestro pequeño experimento de ingeniería planetaria, es decir, al cambio climático, quizá tengamos la oportunidad de ver si podemos tener éxito en Marte. Y lo que es mejor, la terraformación es una idea tan sencilla que es de esperar que cualquier especie extraterrestre quiera ponerla en práctica.

Eso es todo. Megaestructuras, contaminación atmosférica, luces de ciudades, mundos cubiertos de paneles solares y terraformación. En este capítulo hemos analizado todo un abanico de posibles tecnofirmas que emanan de nuestra imaginación. Hemos conseguido entender cómo las tecnofirmas y las biofirmas son consecuencia de la transformación del planeta a cargo de los seres vivos que lo habitan.

Lo más importante de todo esto es entender que, una vez que ha iniciado su viaje, la vida es resistente y se abre camino con fuerza. Es capaz de remodelar un mundo de tal forma que podremos ver las consecuencias de esa transformación desde nuestra humilde morada, la Tierra.

No son solo ideas teóricas. Buscar esas señales de vida extraterrestre es algo que está a nuestro alcance. Ya hemos empezado a hacerlo con el telescopio James Webb. Sin embargo, necesitamos que nuestra capacidad tecnológica crezca. Necesitamos mucho más. Las máquinas que se están construyendo ahora mismo, por ejemplo, las del proyecto llamado Telescopio Extremadamente Grande (ELT, por sus siglas en inglés) serán las que darán el próximo paso. Y aún mejores son los proyectos que todavía se encuentran en su fase de diseño, como el Observatorio de

Mundos Habitables de la NASA (HWO, por sus siglas en inglés), que será el sucesor del James Webb. Su lanzamiento está previsto para 2040 y se ha diseñado expresamente para que sea capaz de detectar vida. Puede que por entonces yo ya sea anciano y esté algo chiflado, pero estoy seguro de que muchos de mis lectores no lo estarán, lo que significa que gozarán de un asiento en primera fila mientras van llegando los datos.

Va a ser un gran espectáculo.

7

¿Hacen el amor los alienígenas?

¿Qué aspecto tendrán y cómo se comportarán?

Por curiosidad, ¿fue este el primer capítulo que consultó al coger el libro?

No le estoy juzgando, solo lo comento.

Bueno, lo que quiero decir es esto. Seguro que se pregunta, por ejemplo, cómo tienen sexo los extraterrestres. Todos lo queremos saber. En realidad, queremos saber cómo hacen *cualquier cosa*. Eso es porque suponemos que cualquier cosa que hagan la harán de una forma extraña. Sus planetas y sus historias serán muy diversos, pero ¿hay algo que podamos decir sobre ellos que no haya surgido o se haya inventado todavía? ¿Podemos recurrir a la ciencia para tener una idea de qué aspecto tienen, lo que hacen y cómo lo hacen?

Si nos fijamos en la Tierra, la variedad de formas y funciones biológicas es impresionante, hermosa e increíblemente variada. En nuestro planeta, la vida se manifiesta en multitud de formas, desde amebas a pulpos, desde águilas calvas a humanos que portan ordenadores en sus bolsillos. ¿No deberíamos esperar que los mundos alienígenas fueran igual o más diversos? Si nos fijamos en cómo retrata Hollywood a los extraterrestres, nos daremos cuenta de lo limitada que ha sido nuestra imaginación (o sus presupuestos) a la hora de reflejar toda esa variedad. La mayoría de los aliens que aparecen en las películas son humanos con prótesis en sus frentes u orejas (sí, va por usted, señor Spock). Incluso algunos de los más interesantes, como los de la película *Alien,* se han construido siguiendo nuestro mismo esquema corporal básico. Así que, ya que no se nos ha dado muy bien inventarnos estas cosas, veamos si la ciencia puede orientar mejor nuestras expectativas sobre la fisiología y el comportamiento de los alienígenas. La clave del éxito dependerá del trabajo conjunto de la física, la química y la evolución biológica.

Empezaremos por la química, y nos preguntaremos qué hace que el carbono sea tan especial.

Más allá de la vida basada en el carbono

La molécula del amor

¿Pueden existir formas de vida que no estén basadas en el carbono?

Esta es una de las primeras preguntas que me suelen hacer cuando doy una charla sobre astrobiología. Es una gran pregunta, y siempre me gusta poder hablar sobre ello. La cuestión es que los astrónomos y los biólogos llevan toda la vida pensando en qué otros átomos podrían ser componentes básicos de la vida. Aunque hay algunas alternativas interesantes, también existen muchas razones por las que los seres vivos de la Tierra estamos hechos de carbono. Esas mismas razones deberían favorecer que todos los alienígenas del Universo también estuvieran basados en ese mismo elemento.

Todo esto se reduce a un simple hecho. Al carbono le gusta enlazarse. Con eso no estoy diciendo que lo haga a ciegas, sin ningún criterio. No se une a cualquier elemento como sí lo hace, por ejemplo, el flúor (por eso es tan peligrosamente corrosivo). En cambio, lo que lo convierte en único es su capacidad para formar enlaces estables y flexibles con elementos fundamentales como el oxígeno, el nitrógeno, el fósforo, el azufre e incluso consigo mismo. Los enlaces fuertes y flexibles lo convierten en el candidato perfecto para que surja toda una bioquímica basada en él.

Para que un elemento sea una buena base para la vida debe combinarse (enlazarse) fácilmente y de forma adecuada con otros átomos. Cualquier bioquímica debe basarse en reacciones rápidas que permitan crear una gran variedad de moléculas complejas. Estas moléculas también deben ser modulares y capaces de intercambiar «piezas», dentro y fuera de máquinas moleculares de mayor tamaño que han de poder cumplir con toda una serie de funciones, desde fabricar tejido muscular hasta intervenir en el almacenamiento de información.

El carbono reúne todas esas características. Aun así, para entender realmente por qué es tan bueno como bloque básico de la vida, y para ver si existen otras alternativas, debemos echar un vistazo a la tabla periódica de los elementos. Pido disculpas.

Como mucha gente, crecí odiando la química; toda esa memorización y el interminable equilibrio de electrones con el que debían cumplir las fórmulas químicas. En la universidad, suspendí la asignatura de Química general y tuve que repetirla. Sin embargo, con los años, a medida que en mis investigaciones pasé de la física a los exoplanetas y la astrobiología, he llegado a ver la química como el hermoso y ornamentado milagro de la naturaleza que es. Nada ejemplifica mejor esa belleza y poder que la tabla periódica. Todas esas filas y columnas pulcramente ordenadas guardan un secreto maravilloso, el orden oculto de la naturaleza. Las columnas, con sus diferentes colores, y las filas, con sus grandes huecos que recuerdan a una sonrisa a la que le faltan dientes… ¿Qué mensaje contienen?

La estructura de la tabla periódica refleja la existencia de un profundo orden en los elementos que componen el mundo material. Y lo que es más importante, es un orden que se aplica a *todo el Universo.* No importa dónde miremos, ni lo lejos que lo hagamos, siempre encontramos los mismos elementos con las mismas propiedades. Podemos asegurarlo porque en la luz procedente de galaxias lejanas hemos detectado las firmas de los mismos elementos que encontramos en los laboratorios terrestres. La tabla periódica de los elementos es verdaderamente universal.

Estas propiedades universales de los elementos nos aportan mucha información sobre el tipo de bioquímica en la que podría estar basada la vida extraterrestre. Por ejemplo, en la columna situada más a la derecha de la tabla periódica se encuentran los *gases nobles,* como el helio, el neón y el argón. Son elementos que raramente forman enlaces con otros elementos. No les gusta mezclarse con la chusma. ¿Por qué los gases nobles no se unen fácilmente con otros elementos? La respuesta es la disposición de sus electrones exteriores, los responsables de la «nobleza» de los gases nobles. Sin entrar en detalles, la ubicación de los electrones de un átomo en relación con su núcleo dice mucho sobre sus inclinaciones químicas. Por eso nos podemos olvidar de encontrar vida basada, por ejemplo, en el criptón.

Ahora saltemos hasta la columna encabeza por el carbono. La promiscuidad, flexibilidad y resistencia que hacen que el carbono sea tan útil para la vida se deben a los emparejamientos químicos que es capaz de entablar. Eso es así gracias a los cuatro electrones exteriores, todos situados en el lugar correcto (en términos de estructura atómica) para facilitar los enlaces químicos. Todos los demás elementos de esa columna de la tabla periódica también poseen cuatro electrones en el lugar correcto, como ocurre con el carbono. El elemento que está situado debajo del carbono es el silicio. Esa es la razón por la que siempre se dice que, a la hora de hablar del bloque fundamental de la vida, es la principal alternativa al carbono. Al tener la misma disposición de electrones que el carbono, también podrá formar enlaces fuertes y flexibles con otros elementos (incluso consigo mismo). Sin embargo, la tabla periódica también nos muestra por qué el silicio supondrá un verdadero reto para la vida.

Uno de los problemas es que el silicio no forma enlaces con la misma facilidad que lo hace el carbono. Aunque tiene los mismos cuatro electrones disponibles para enlaces, es un átomo más grande y pesado. Eso significa que hay menos elementos con los que puede establecer enlaces estables. Y eso se agrava a medida que descendemos en la columna. Esa limitación a la hora de crear enlaces químicos se aplica igualmente a los tipos de máquinas moleculares que puede construir. Es algo muy importante cuando se trata de fabricar *polímeros,* cadenas largas y fibrosas de átomos de los que hablamos en el capítulo 5. Los polímeros de carbono sirven para infinidad de cosas. Las funciones específicas de algunas proteínas se deben a las formas que adoptan estas bolas de polímero. Por ejemplo, la proteína hemoglobina transporta oxígeno en la sangre con una eficacia que solo es posible por la forma tan concreta en que se pliega sobre sí misma. Este plegamiento solo es posible gracias a los enlaces de carbono de los polímeros. El silicio no puede utilizarse para crear este tipo de cadenas largas y flexibles, porque sus enlaces son más frágiles.

Además, el silicio no sabe nadar muy bien. Los compuestos de carbono realizan gran parte de su «gimnasia bioquímica» flotando en el agua. En cambio, la química del silicio es inestable en medios acuosos, de manera que los compuestos de este elemento suelen separarse en el agua. Por esa razón, los emparejamientos del silicio suelen crear sólidos, es decir, cristales. Si toda la bioquímica del silicio tuviera que llevarse a cabo en sólidos, en lugar de líquidos, sus posibilidades se reducirían drásticamente. Pensemos, por ejemplo, en lo que eso significaría para la eliminación de residuos, para respirar, orinar y defecar. En una criatura basada en el silicio, todas esas actividades serían rígidas y requerirían mucha más energía. Los animales de silicio tendrían, literalmente, que respirar arena y defecar ladrillos.

Esto no significa que la vida no se pueda construir con silicio. Puede que solo pueda hacerlo en ambientes fríos, donde las reacciones bioquímicas se producirían a una menor velocidad. Tal vez exista en lugares como Titán, la gran luna de Saturno, donde las temperaturas medias rondan –180 °C. Titán podría estar poblado por grandes criaturas que se moverían *muy lentamente* y que en lugar de monstruos con ojos de insecto parecerían rocas vivas. En la serie original de *Star Trek* había un gran episodio llamado «El diablo en la oscuridad» donde aparecían alienígenas de ese tipo.

Otras ideas son mucho más radicales. En una famosa novela de ciencia ficción, *La nube negra,* el astrónomo Fred Hoyle imaginó una nube interestelar de gas que no solo estaba viva, sino que también era consciente. Las corrientes eléctricas que recorren la nube son la base de su sistema nervioso. Es divertido pensar en esa idea, pero resulta muy difícil entender cómo la evolución podría haber dado lugar a una nube consciente.

Si tenemos en cuenta todos estos detalles, tenemos que ser muy humildes a la hora de imaginar algún tipo de vida basada en un elemento que no sea el carbono. La naturaleza es mucho más creativa que los humanos. Es probable que sea mucho más lista que nosotros a la hora de escoger dónde y cómo hacerlo. Por otro lado, tampoco queremos pecar por exceso de humildad. Las reglas de la química las ha establecido el Universo, no nosotros. Esas reglas, plasmadas en la tabla periódica de elementos con la que nos dormíamos en el instituto, son las que lo rigen todo. La vida extraterrestre puede ser muy extraña, pero quizá no tanto como podemos imaginar.

Plantas rodadoras parlantes o bosques flotantes

¿Cómo serán los extraterrestres?

Acabamos de ver que, según la química, lo mejor para los alienígenas sería que sus cuerpos estuvieran basados en el carbono, como nosotros. Pero ¿qué aspecto tendrán? ¿Tendrán piernas, alas, orejas puntiagudas y antenas en la frente? ¿Tendrán cabeza? ¿O parecerán plantas rodadoras u otra cosa aún más extraña? Para responder a estas preguntas, en lugar de recurrir a la física y a la química, nos basaremos en la elegante lógica de la evolución biológica.

Se ha dicho que, sin la teoría de la evolución propuesta por Charles Darwin en 1859 (aunque empezó a formularla en 1838), toda la biología carecería de sentido. La evolución darwiniana se puede resumir en dos conceptos muy sencillos. El primero es la *descendencia con modificación*. Los seres vivos se reproducen transmitiendo sus características a su progenie. A las crías de las aves les salen alas. A las de pez, branquias. A eso me refiero con «descendencia». Sin embargo, en algunas ocasiones, la copia implicada en la reproducción sufre algún cambio. Por ejemplo, una cría de cuervo puede nacer con un pico mucho más largo o más corto que el de sus progenitores. Eso es lo que quiero decir con «modificación».

Seguro que el siguiente concepto le suena: *la supervivencia del más apto*. Esto significa que, a medida que cambia el entorno, los organismos que mejor se adaptan a esos cambios son los que más se reproducen. Si los picos más largos son más útiles en el nuevo entorno, los cuervos de pico largo prosperarán. Pasadas unas generaciones, solo habrá cuervos de pico largo. Los de pico corto son superados en número, generación tras generación, hasta que finalmente desaparecen.

Ese es un buen resumen de lo que es la evolución. Pero ¿se aplicará a los extraterrestres?

Es difícil imaginar que algo que esté vivo no se reproduzca o no responda a los cambios de su entorno. Esas dos características forman parte de casi todas las definiciones de lo que es la vida. Pero eso significa también que es difícil imaginar que exista una forma de vida a la que no se le pueda aplicar la evolución darwiniana. Si te adaptas mejor al entorno, te reproduces más. Y si tienes más progenie, tu línea sigue adelante y se puede decir que has tenido éxito. Si juntamos todo esto, podemos llegar a pensar que la lógica de la evolución darwiniana es universal, válida para toda forma de vida. En cualquier lugar donde surja vida, esta se irá desarrollando mediante la descendencia con modificación y la supervivencia del más apto. En otras palabras, los extraterrestres han de seguir las normas de Darwin.

Ahora podemos intentar combinar las leyes universales de la evolución con las leyes universales de la física y de la química.

Para ello, partiremos de algo en lo que todos estamos de acuerdo: la materia.

Los planetas alienígenas estarán hechos de «cosas» materiales. Tiene que ser así porque todo en el Universo está hecho de materia. La materia y los flujos de energía que circulan entre las piezas de materia son los componentes básicos del Universo físico. Gracias a las leyes de la física y la química, sabemos que las cosas solo pueden presentarse en unas pocas formas básicas: sólidos, líquidos y gases. Supongamos también algo que es bastante razonable: para permanecer con vida, hay que poder encontrar la energía necesaria para ello (comiéndose otras cosas). Esto ya nos plantea un primer problema básico a la hora de intentar concebir qué formas podrían adoptar los cuerpos alienígenas. Desde una perspectiva física, química y evolutiva, las opciones de cómo encuentran alimento los aliens dependen de si viven en un sólido, un líquido o un gas.

Empecemos con los gases.

Supongamos que queremos movernos por un planeta que es mayoritariamente gaseoso, como una supertierra cuya atmósfera sea enorme. Lo primero que necesitaremos será algún modo de contrarrestar la gravedad para no hundirnos en las oscuras y desagradables profundidades planetarias en las que la presión es muy elevada. La física de los gases solo permite ciertas formas de lograrlo. Podríamos flotar. O podríamos expulsar chorros de gas en dirección al suelo para mantener nuestra posición. También podríamos encontrar la forma de hacer fluir el aire sobre una superficie curva. Esta última nos es muy familiar, así que centrémonos en ella.

Cuando el aire fluye sobre una superficie curvada hacia abajo, la presión en la parte inferior es mayor que en la superior. Esa diferencia de presión empuja la superficie hacia arriba, proporcionando *sustentación* contra la gravedad. Esto puede parecer algo abstracto, pero de lo que estoy hablando aquí es de un *ala*. Las alas son una solución al problema del desplazamiento en la atmósfera. En la Tierra, la evolución ha resuelto muchas veces ese problema con unas alas. Los insectos, las aves y los murciélagos tienen alas. De hecho, en los últimos 500 millones de años, las alas evolucionaron en cuatro linajes evolutivos independientes. Una y otra vez, la evolución explotó la física de los gases y «descubrió» que, para volar, lo mejor era contar con superficies curvas.

La aparición independiente de alas en múltiples ocasiones es un ejemplo de lo que los científicos llaman evolución *convergente,* y es muy importante para nuestra reflexión sobre cómo serían los extraterrestres. La evolución convergente se produce porque el mundo físico impone restricciones a todas las formas de vida, lo que hace que para solventar un mismo problema recurran a la misma solución. Existen muchos ejemplos en los miles de millones de años de historia de la Tierra. Ya hemos hablado de las alas, pero podemos decir lo mismo de los distintos tipos de ojos. Todos ellos utilizan lentes producidas biológicamente. Otro caso muy famoso es el del esquema corporal aerodinámico del delfín (un mamífero) y el tiburón (un pez).

La evolución convergente nos dice que no debería sorprendernos encontrar formas de vida con alas en planetas que tengan atmósfera. Eso está genial. Sin embargo, el principio de convergencia no nos dice nada del aspecto que tendrán esas alas ni de su diseño biológico. Tal vez no estén hechas de plumas o piel, sino que se parezcan más a una película de jabón en forma de capa gruesa de mucosidad montada sobre un armazón de fibra (me lo acabo de inventar). Los detalles serán diferentes en cada mundo, pero mientras los flujos de fluidos puedan generar sustentación, en la carta del menú de la evolución del planeta en cuestión habrá algún tipo de ala.

No obstante, adoptar este enfoque físico, químico y evolutivo no es tan sencillo. No basta con proclamar: «¡Alas para todos!» y conformarnos con eso. Los astrobiólogos también tienen que reflexionar, largo y tendido, sobre las opciones que son viables para cada planeta (y su física). Pensemos, por ejemplo, en una supertierra similar a la nuestra pero mucho más grande. Podríamos pensar, ingenuamente, que ese tipo de planeta está habitado por criaturas enormes y robustas. Se habrían formado así para soportar la elevada gravedad. Serían una especie de megaelefantes cuyos pasos resonarían desde lejos.

Pero también es posible que la evolución utilizara la elevada gravedad del planeta de una manera completamente distinta. La atmósfera de un planeta que fuera parecido a la Tierra, aunque mucho más pesado, sería más densa que la del nuestro, pues sus átomos serían atraídos con más fuerza hacia la superficie. La física de los gases nos dice que es mucho más fácil generar sustentación en una atmósfera densa. Apenas sería necesario batir las alas. Se parecería más a nadar que a volar. Así que la vida en una supertierra podría evitar el suelo casi por completo. La evolución aprovecharía las ventajas que ofrece el vuelo para crear toda una biosfera de criaturas que solo aterrizarían una o dos veces en toda su vida, quizá para reproducirse*.

Aunque sepamos cuáles son las condiciones que caracterizan a un determinado planeta, la evolución convergente tam-

* Esa es la premisa del segundo episodio de la gran serie documental de Netflix titulada *Alien Worlds* (en España, *Otras galaxias).* Debería verla. Participé en el episodio sobre las civilizaciones, y me llevaron a la entrada del Área 51. Nadie me disparó.

poco puede decirnos qué clase de criaturas habría. En un mundo gaseoso, ¿surgirán criaturas aladas, organismos parecidos a globos o animales que planeen utilizando una especie de biorreactores? ¿Y qué otras soluciones hay que no se hayan utilizado en la Tierra? La física de las interfases (zonas ocupadas por materia en diferentes estados físicos) es fascinante. Para desplazarse por la interfase entre un sólido y un líquido, por ejemplo, el fondo del mar, o entre un sólido y un gas, como ocurre entre la tierra y la atmósfera, parece buena idea disponer de patas. En la Tierra, la evolución ha resuelto en diversas ocasiones el problema de moverse a través de interfases mediante palos móviles articulados (patas). Aunque el número de patas oscila entre dos (humanos) y cientos (ciempiés), al final todas son variaciones de lo mismo. Un punto para la evolución convergente.

¿Y las ruedas? En la Tierra, ningún linaje evolutivo ha desarrollado las ruedas como método para navegar entre las interfases. ¿Por qué? Quizá sea imposible crear una rueda sobre un eje mediante moléculas biológicas. Tal vez, incluso si se pudiera crear la combinación rueda-eje, sería imposible crear una correa de transmisión para accionarla. No parece existir ninguna razón física o química por la que la evolución no pudiera resolver este problema recurriendo a las ruedas, pero en la Tierra ha optado por otras soluciones.

Todo esto nos dice que, aunque la evolución convergente es una gran idea que podemos aplicar a los extraterrestres, *siempre* debemos suponer que la naturaleza es más ingeniosa que nosotros. Cuando se trata de un planeta cuyas condiciones son muy diferentes a las de la Tierra, la evolución darwiniana recurrirá a la física para resolver los problemas básicos con los que se topará la vida, pero también podemos suponer que no somos lo suficientemente inteligentes como para saber con exactitud cómo se resolverá el problema.

Sin embargo, hay otra faceta de la evolución que funciona en la dirección opuesta. Es lo que se conoce como *contingencia*. Básicamente, de lo que estamos hablando aquí es de accidentes. La evolución funciona mediante mutaciones aleatorias. En ese sentido, es «ciega», no tiene un plan. En su lugar, depende de dos tipos de accidentes que se producen una y otra vez.

El primero de ellos son las mutaciones aleatorias que aparecen en la descendencia al azar. Por ejemplo, una bebé klingon podría nacer con una mutación aleatoria en su código genético que hiciera que se le formase en la frente una cresta espinosa. El segundo tipo de accidente es un cambio que se produce en el entorno que hace que los que tengan la mutación sean más aptos para sobrevivir. En ese caso, tanto ellos como la mutación siguen adelante. Tal vez el planeta Kronos (para los no frikis, ese es el mundo natal de los klingons) se vea rodeado de nubes oscuras por el impacto de un asteroide y resulte que la cresta espinosa de la frente de nuestra niña esté llena de neuronas que le permitan ver mejor en la oscuridad. Ahora está más preparada para sobrevivir.

Está claro que, si la mutación no hace que la criatura portadora esté más preparada para sobrevivir en ese entorno, es posible que desaparezca para siempre. Dado que el segundo accidente se basa en el primero, los detalles específicos de una especie (por ejemplo, la forma de su cuerpo) son contingentes. Todos los accidentes se tuvieron que producir exactamente en la secuencia en la que ocurrieron, o las cosas habrían salido de otra manera.

Estamos hablando de muchos accidentes. La evolución trabaja en una escala de tiempo de millones, decenas de millones o incluso cientos de millones de años. Como la mayoría de los organismos de la Tierra viven menos de 100 años, la evolución tiene que trabajar durante un número abrumador de generaciones, tiempo durante el cual se producen mutaciones accidentales y cambios ambientales igualmente accidentales.

La contingencia era una de las mayores preocupaciones del gran biólogo evolutivo Stephen Jay Gould. En su libro *La vida maravillosa: Burgess Shale y la naturaleza de la historia,* Gould analizaba algunas criaturas fosilizadas que hoy ya no existen y que, sin embargo, son los antepasados de toda la vida *actual.* Su conclusión fue que si la historia de la Tierra volviera a su punto inicial y empezara de nuevo, todo sería diferente. En ese nuevo inicio, otra serie de accidentes (una roca que cayó por un acantilado en el momento justo hace 1.000 millones de años, un rayo que mató hace 100 millones de años a un dinosaurio que portaba una mutación beneficiosa, etcétera) habría hecho que la evolución tomara direcciones completamente distintas. En esa Tierra alternativa no habría osos, ballenas, abejas ni humanos. Seguiría habiendo mucha vida, pero no la que conocemos.

Para el biólogo evolucionista Simon Conway Morris, el medioambiente solo puede ejercer sobre los organismos unas determinadas presiones evolutivas (gravedad, resistencia, calor, frío), y estas siempre hacen que la evolución se desarrolle en la misma dirección. Morris ha llegado a afirmar que el plan corporal humano se repetirá en otros planetas. Según él, deberíamos esperar encontrar criaturas parecidas a nosotros. Cabe señalar que la mayoría de biólogos no opinan lo mismo. Sin embargo, lo más interesante de todo este debate es que, recientemente, ha hecho acto de presencia una forma de acabar con él mediante un experimento.

Desde 1988, un equipo de biólogos de la Universidad de Michigan sigue la evolución, generación a generación, de una especie de bacteria llamada *Escherichia coli*[1]. Llenan matraces con estos bichitos y los mantienen alimentados y felices. Los microbios se reproducen, creando una generación tras otra. De vez en cuando, el equipo extrae algunos ejemplares y los congela. Así se conserva una instantánea de su trayectoria evolutiva. Las poblaciones de bacterias no congeladas siguen viviendo su vida bacteriana. Se reproducen y, en el proceso, siguen desarrollando nuevas características. Los científicos de la Universidad de Michigan han observado, por ejemplo, que el tamaño va aumentando.

Con el tiempo, surgen poblaciones distintas. Hay una línea de bacterias pequeñas y otra de bacterias grandes. Cuando se produce esta divergencia evolutiva, los investigadores pueden descongelar a los antepasados antiguos (según los estándares de las bacterias) y volver a poner en marcha la carrera de la vida. Si los antepasados acaban teniendo descendencia con la misma divergencia evolutiva, la evolución convergente habrá ganado. Si no lo hacen, la contingencia es la vencedora. Después de observar la evolución de más de 60.000 generaciones de la bacteria *Escherichia coli,* parece ser que, hasta ahora, el peso de las pruebas señala como ganadora a la contingencia. Los accidentes importan más que la convergencia a la hora de determinar cómo evolucionan las especies.

Si esto fuera cierto, seríamos los únicos seres humanos del Universo. No podríamos esperar que, en otro mundo, los chorrocientos millones de accidentes que dieron lugar a la aparición de microbios y su posterior evolución a criaturas pluricelulares y luego a grandes animales multiorgánicos se produjeran exactamente de la misma forma. En ningún otro mundo la evolución daría lugar a seres humanos extraterrestres, ni siquiera a humanoides.

Esta batalla entre convergencia y contingencia nos dice que tendremos que estar preparados para las sorpresas. Y eso nos lleva de nuevo al tema del sexo alienígena.

El sexo es una gran idea. No me refiero específicamente a nosotros, sino a toda la vida en general. Al mezclar la información genética de diferentes individuos, la vida aumenta muchísimo su capacidad de producir combinaciones de rasgos que podrán ser exitosas y perdurar en diferentes circunstancias. ¿Descubrirá la evolución en otros mundos el potencial del sexo en lugar de limitarse a que las criaturas se clonen a sí mismas para siempre? Desde el punto de vista de la evolución convergente, es una estrategia demasiado buena para que *no* surja en otros mundos. Sin embargo, eso no significa que un futuro capitán Kirk o una futura capitana Janeway sean capaces de montárselo con un homólogo alienígena.

Biológicamente, el sexo se define como el intercambio de genes entre individuos diferentes. Hay tantas formas de que eso ocurra que los principios de la evolución convergente no serían de mucha ayuda. En el caso de las bacterias, uno de los métodos utilizados es la llamada transferencia genética horizontal, en la que rocían su entorno con genes que «quieren» que otros adopten*. Eso no suena muy romántico, a menos que seas una bacteria, supongo. Así que, aunque tendría sentido que los extraterrestres recurrieran al sexo, no tenemos ni idea de la forma que adoptaría.

* En realidad, es mucho más complicado que «rociar» el entorno. Los genes de las bacterias muertas pueden ser recogidos por otras, o se pueden transferir directamente uniendo células, o también se pueden enviar de una a otra.

Mentes alienígenas

¿Podemos hablar con un extraterrestre?

Somos los corazones solitarios del cosmos. Desde que, gracias a la evolución, surgió el *Homo sapiens,* hace unos 300.000 años, solo hemos podido hablar entre nosotros. Está claro que no se puede conversar mucho con una planta (lo sé, algunas personas dicen que sí). Y aunque parece que muchos animales «hablan» entre ellos, no pueden, o no quieren, hablar con nosotros. Creo que sé lo que piensa mi perro, pero a pesar de mis esfuerzos, no me dice ni una palabra.

Ojalá tuviéramos cerca a alguna especie inteligente con la que comparar notas. ¿Qué podría enseñarnos alguien (o algo) que no tuviera nuestro mismo bagaje evolutivo e histórico? Tal vez podría darnos su opinión sobre las grandes cuestiones filosóficas. O puede que nos dijera si cree en Dios. Cualquier cosa que pudiera decir sobre lo que es *no ser nosotros* sería revolucionario. Este sueño de comunicación interestelar y entre especies fue uno de los primeros objetivos del SETI, y sigue alimentando gran parte del entusiasmo por los ovnis. Por desgracia, ignora una cuestión central sobre los extraterrestres: ¿se parecerán sus mentes a las nuestras?

Para adentrarnos en el mundo de las mentes alienígenas, primero tendremos que saber algunas cosas sobre las mentes en general. Todos estamos de acuerdo en que los humanos somos seres autoconscientes, pero no tenemos del todo claro hasta qué punto lo son el resto de los animales. Además, ¿qué es exactamente la consciencia (con o sin un Yo)? Para algunos científicos y filósofos, somos, básicamente, ordenadores hechos de carne. Nuestros cerebros tienen los circuitos neuronales adecuados para generar la *sensación* de ser consciente, y ahí se acaba la historia. Según este punto de vista, si yo conociera todas las conexiones del cerebro de una persona en concreto, y pudiera recrearlas en un ordenador, estaría recreando *a esa persona* en una máquina. Sin embargo, otros creen que esa idea no es más que una ilusión. En su opinión, la mente es mucho más que *hardware* y *software* neuronal. Para ellos, una mente siempre «forma parte de un cuerpo». No se limita a existir sin más en nuestra cabeza, sino que es una especie de ecosistema al que le afectan las actividades que experimenta el *cuerpo* del que forma parte, el cual, a su vez, forma parte de una comunidad más amplia de seres vivos.

Estas dos perspectivas son bastante diferentes, y conducen a dos visiones muy distintas sobre cómo pueden ser las mentes extraterrestres.

Si un cerebro no es más que una calculadora, lo único que importa son las reglas matemáticas de la computación. Si esas reglas son las mismas para nosotros que para una especie alienígena que haya evolucionado en un exoplaneta, deberíamos ser capaces de entendernos. Ambos viviríamos en el mismo tipo de mundo, conformado por las leyes universales de la física que a su vez se expresan en las reglas universales de las matemáticas. En ese caso, las preguntas sobre mentes alienígenas se convierten en preguntas sobre matemáticas alienígenas. ¿Son las reglas matemáticas que utilizamos las mismas que usan todos los aliens? En otras palabras, ¿son universales las matemáticas?

Carl Sagan, entre otros, tenía la esperanza de que así fuera. Siempre creyó que si encontrábamos una especie alienígena, podríamos aprender a comunicarnos con ella empezando por relaciones matemáticas básicas: 1 + 1 = 2; 2 + 2 = 4, y así sucesivamente. Con el tiempo, cada especie descifraría la forma que tiene la otra de decir cosas más complicadas. Aquí «complicadas» significa algo así como «la circunferencia de un círculo es dos veces su radio multiplicado por pi». Dado que, para nosotros, pi es igual a 3,14159..., para ellos también debería valer lo mismo. Cuando resolviéramos todo eso juntos, estaríamos en camino de descifrar el resto del lenguaje del otro. Solo sería cuestión de tiempo que compartiésemos chistes tipo «toc toc, ¿quién es?» e intercambiáramos curas para el cáncer.

Sin embargo, una historia como esta solo funciona si las matemáticas son realmente universales. Tienen que ser algo que nuestras mentes *descubran,* algo que define el mundo en el que vivimos. Pero para muchos científicos y filósofos, las matemáticas no son algo que descubrimos, es algo que inventamos y que sigue siendo increíblemente útil. Los que piensan así sobre las matemáticas creen que su éxito a la hora de describir el mundo se debe a nuestra experiencia vital derivada de poseer un cuerpo como el que tenemos. Es un lenguaje, como el inglés, el español o el chino. Como todas nuestras lenguas, las matemáticas son algo exclusivamente humano y, por eso, este punto de vista tiene enormes implicaciones a la hora de entender a los extraterrestres. Las criaturas que no son humanas y cuyos cuerpos no son similares al nuestro tendrían una experiencia diferente. Eso haría que sus mentes también fueran diferentes y que ocurriera lo mismo con sus matemáticas.

Imagine una criatura que no tiene ni manos ni dedos. Quizá sean manchas protoplasmáticas inteligentes, como amebas gigantes. Si quisieran agarrar algo solo tendrían que extender un zarcillo desde sus cuerpos amorfos y luego retraerlo. ¿Entenderían estos alienígenas qué son los números discretos? ¿Tendrían números enteros como 1, 2, 3, etcétera? Para ellos, el mundo podría no estar compuesto por objetos discretos que hay que contar, como hacemos nosotros con nuestras dos manos de cinco dedos cada una. Podría ocurrir que sus matemáticas no se pareciesen a las nuestras o que no las pudiésemos entender.

Citaré un ejemplo que ya se le ha ocurrido a alguien. Una de mis películas favoritas sobre contactos alienígenas, *La llegada,* exploraba esta posibilidad llevándola al extremo. Tras la llegada de enormes alienígenas de siete patas en gigantescas naves espaciales flotantes, los humanos envían a un físico y a una lingüista para que se comuniquen con ellos. El físico, un personaje que recuerda a Carl Sagan, intenta hacerlo utilizando las matemáticas. Fracasa rápida y estrepitosamente. La lingüista, que entiende que las lenguas surgen a partir de la experiencia corporal, logra establecer contacto, pero solo después de darse cuenta de que los aliens experimentan el tiempo de una forma totalmente distinta a la nuestra. Los heptápodos, que es como les llaman, experimentan el pasado, el presente y el futuro al mismo tiempo. Su física es completamente diferente, y eso se refleja en su lenguaje. Es una idea excitante. Tal vez el verdadero «libro de física» sea mucho más grande que el que utilizamos los humanos Puede que los aliens tengan acceso a diferentes capítulos de ese libro. Eso significaría que nosotros y los extraterrestres vivimos, hasta cierto punto, en mundos diferentes.

Hay una posibilidad más, pero es bastante aterradora y la he dejado para el final para no asustarle. (De nada). Quizá la consciencia de los alienígenas no sea consciencia en absoluto. En la mayoría de nuestras historias de ciencia ficción, los aliens aparecen retratados como criaturas autorreflexivas y conscientes de sí mismas, como nosotros. Puede que experimentemos versiones diferentes del Universo, pero al menos ambos *experimentamos* algo. Pero ¿y si hay aliens inteligentes, aunque no conscientes? Imaginemos, por ejemplo, que una raza alienígena crea máquinas que superan rápidamente a sus creadores. Se puede decir que, básicamente, las máquinas «cobran vida». Son muy inteligentes y pueden resolver el tema de la reproducción y la búsqueda de energía con celeridad y eficacia. Se expanden por el Universo a bordo de poderosas naves espaciales, devorando un sistema estelar tras otro para satisfacer sus necesidades. Sin embargo, nunca son conscientes de sí mismas. No tienen la capacidad de reflexionar sobre lo que hacen porque no hay «luz» en su interior. En sus mentes no existe una dimensión interior. En términos filosóficos, podemos preguntarnos cómo es ser un murciélago, un caballo o un delfín, pero no podríamos preguntarnos cómo es ser esos alienígenas. No se parecen a nada que conozcamos, porque no experimentan nada en absoluto.

No es necesario que ese tipo de alienígenas sean máquinas. Quizá la evolución biológica pueda producir ese tipo de vida inteligente pero no consciente. *Nunca* podríamos hablar con criaturas como estas. Simplemente, no habría *nadie* con quien hablar. Si tuvieran la intención de tragarse la Tierra para aprovechar sus recursos, no habría nadie a quien suplicar. Solo serían cáscaras vacías completando tareas.

Como acabamos de ver, existe todo un espectro de mentes alienígenas posibles. Por un lado, están las versiones esperanzadoras y familiares con las que pasamos el rato en la cantina de *La guerra de las galaxias* y nos contamos historias de nuestras hazañas en Altair IV. Por otro, está la versión extraña y fascinante con la que es posible que nunca lleguemos a entendernos del todo, pero con la que nos reconoceremos mutuamente como seres semejantes que habitan el vasto cosmos. Y, por último, está la versión «¡Huye!», la que correspondería a esos seres inconscientes e indiferentes de los que deberíamos huir. Es la amplitud de estas posibilidades (todas las formas en las que los extraterrestres podrían ser diferentes) la que hará que, si algún día establecemos *contacto* con alguno de ellos, sea el acontecimiento más revolucionario de toda la historia de la humanidad.

Ética alienígena

¿Deberíamos escondernos o hacernos ver?

Cuando la nave alienígena aterrizó por primera vez, cundió el pánico. Sin embargo, pronto quedó muy claro que estaban aquí para ayudar. Los aliens nos enseñaron cómo curar el cáncer y acabar con las guerras. Su objetivo, decían, era que prosperáramos. Todo lo que querían era «servir al hombre» y, de hecho, ese el título de un libro que llevaban a todas partes. Cuando nos ofrecieron la oportunidad de visitar su mundo natal, miles de personas aceptaron. Prepararon una de sus enormes naves espaciales para el viaje. Entonces, justo cuando la puerta de la abarrotada nave se cerró, llegó la noticia de que por fin se pudo traducir parte del libro alienígena titulado *Para servir hombre*.

Cuando uno de sus amigos estaba entrando por la puerta, el traductor corrió hacia él gritando: «¡Es un libro de cocina!».

Esta versión de un posible contacto procede de un cuento clásico de Damon Knight, que se convirtió en el mejor episodio de la serie de televisión *La dimensión desconocida*. La trama es tan atractiva porque pone al descubierto las dos versiones extremas de lo que pensamos sobre la ética alienígena. Por un lado, mucha gente da por hecho que cualquier especie lo suficientemente avanzada tecnológicamente como para viajar entre las estrellas también debe serlo éticamente. A diferencia de nosotros, en su proceso evolutivo han dejado atrás horrores como la guerra y la depredación. Incluso podrían estar tan evolucionados y avanzados que cuando aparecieran tendríamos la impresión de que son seres angelicales llenos de bondad y luz. Por otro lado, otras personas suponen que «lo que ocurre aquí ocurre en todas partes». ¿Por qué no habrían de ser los peores rasgos de nuestra especie los que triunfaran a escala cósmica, como suele ocurrir aquí, en la Tierra? Tal vez ahí fuera, entre las estrellas, no haya más que lobos.

Es difícil responder a esta pregunta, ya que no tenemos más que relatos ingeniosos. Aunque los principios de la evolución darwiniana convergente nos pueden ayudar a deducir algo sobre la biología de los alienígenas, intentar comprender qué ética guía su comportamiento nos obliga a profundizar aún más en el tema de la mente y las sociedades alienígenas.

Sin embargo, la vida, tal y como la conocemos, nos ofrece una pista: en nuestro planeta existe un equilibrio entre las especies que han evolucionado a partir de antepasados depredadores y las que lo han hecho a partir de antepasados que eran presas. En la Tierra, muchas de las especies que poseen una mayor inteligencia son cazadoras. Eso tiene sentido. La batalla evolutiva por la supervivencia favorecerá a los cazadores que mejor sepan anticipar el comportamiento futuro de sus presas. Un león que no acierta a correr en la dirección correcta cuando salta una gacela no será el rey de la selva por mucho tiempo. No obstante, saber cazar no es suficiente. Evolucionar hasta poder crear una civilización tecnológica también requiere cooperar a gran escala. Eso puede significar que solo las especies que son depredadoras y *sociales* llegarán a recorrer los caminos estelares.

El hecho de que los depredadores puedan ser el tipo de especie que logre viajar entre las estrellas puede ser una mala noticia para nosotros, ya que podríamos convertirnos en el almuerzo de alguien. Sin embargo, si queremos tomar como referencia lo que ocurre aquí, en la Tierra, la cosa se complica cuando nos fijamos en las especies más parecidas a los humanos. Por un lado, están los chimpancés de la sabana o chimpancés comunes *(Pan troglodytes),* que son violentos. Sus grupos suelen entrar en guerra entre sí. Matan a miembros de otras tribus (incluidos sus bebés) y, dentro del grupo propio, el chimpancé macho alfa tiende a gobernar mediante la intimidación y la amenaza de la violencia. Luego están los bonobos *(Pan paniscus)* o chimpancés pigmeos. Viven en la selva, y evolutivamente son tan cercanos a nosotros como los chimpancés comunes. Los bonobos son matriarcales y mucho más pacíficos. Suelen utilizar el sexo para calmar las disputas y casi nunca ejercen la violencia entre ellos. No sé usted, pero yo prefiero quedarme en los árboles con los bonobos.

Si hablamos de las diferencias existentes entre nuestros primos evolutivos, también debemos tener en cuenta que los chimpancés evolucionaron en lugares en los que la comida era escasa. Como dice un amigo antropólogo, en sus entornos naturales originales estaban hambrientos la mayor parte del tiempo, y eso condicionaba su carácter. En cambio, los bonobos surgieron en zonas de África donde había mucha comida. Sus vidas eran relativamente fáciles. Esta diferencia es muy importante a la hora de explicar su comportamiento social, y puede ayudarnos a la hora de elucubrar sobre lo que puede ocurrir con las civilizaciones extraterrestres. Que nos encontremos con bonobos *hippies* amantes de la libertad, o con chimpancés fascistas que imponen el terror, puede depender de los detalles de los entornos que sus planetas les ofrecen.

Ahora bien, pensar sobre cómo sería la ética alienígena nos lleva hacia otra dirección, que tiene que ver con nuestro propio comportamiento. En 1974, Frank Drake apuntó el radiotelescopio de Arecibo hacia M13, un gigantesco cúmulo de estrellas situado en el límite de la Vía Láctea. Entonces emitió un mensaje diseñado para anunciar nuestra existencia a la galaxia. Si los extraterrestres pudieran descifrarlo, el mensaje les daría una vaga idea de dónde vivimos e incluso les proporcionaría algunos detalles sobre nuestro aspecto. Fue tan controvertido como revolucionario. La versión del SETI que Drake creó originalmente tenía como objetivo escuchar pasivamente en busca de alienígenas. Con el siguiente nivel, al que llamó Envío de Mensajes a Inteligencias Extraterrestres (METI, por sus siglas en inglés), intentaba hacerles saber activamente que estábamos aquí. Desde entonces, otros investigadores han emitido a propósito transmisiones de alta intensidad hacia lugares cósmicos específicos. Sin embargo, desde el punto de vista ético, esa actividad ha sido duramente criticada.

Las críticas que ha recibido el proyecto METI son de dos tipos. El primero podría denominarse «¿Quién tiene derecho a hablar en nombre de la Tierra?». Dadas las incertidumbres que rodean a las civilizaciones extraterrestres, ¿por qué unos pocos astrónomos con acceso a radiotelescopios deberían decidir cuándo y cómo nos anunciamos? ¿No debería decidirlo la comunidad mundial en su conjunto? La segunda crítica se centra únicamente en las posibles consecuencias. El físico Stephen Hawking fue explícito al advertir que nuestra propia historia demuestra que el contacto entre civilizaciones que han alcanzado diferentes niveles tecnológicos no suele salir bien para la que posee una tecnología menos agresiva. Puede que lo más prudente sea esconderse. Esta era la moraleja de la maravillosa serie de libros de ciencia ficción que comenzó con *El problema de los tres cuerpos,* de Liu Cixin. En esa trilogía, Liu exploraba la hipótesis del bosque oscuro, según la cual, la única razón por la que no hemos observado ninguna señal de civilizaciones extraterrestres es que se están escondiendo. Al igual que ocurre con las criaturas de un bosque oscuro, saben que no deben empezar a graznar y delatar su posición.

Existe un contraargumento con el que se rebate la posición de los que están en contra del METI. Nuestras transmisiones de radar y televisión llevan muchos años anunciando nuestra presencia en el Universo. Sin embargo, a este contraargumento contestan recalcando que esas señales son bastante débiles. Si los extraterrestres no supieran ya dónde buscar, probablemente no nos verían.

Al final nos queda por decidir cuál es la mejor opción. ¿Deberíamos escondernos o esperar que cualquiera que haya iniciado su camino hacia las estrellas sea un agente de paz? Si son como nosotros, probablemente deberíamos callarnos, pero tomemos la decisión que tomemos, más nos vale que no sea la equivocada.

¿SERÁ CORTA LA ETAPA BIOLÓGICA?

Bienvenidos, jefes robots

Una sustancia viscosa.

A fin de cuentas, así es la vida en la Tierra. Puede que esté envuelta en una corteza rugosa o en un duro caparazón de tortuga, pero en algún lugar de su interior, aunque haya que descender al nivel celular, la vida es una sustancia viscosa. Por eso, cuando imaginamos cómo podría ser la vida extraterrestre, tendemos a hacer hincapié en la parte viscosa: viscosidad que gotea de los colmillos (la franquicia *Alien),* viscosidad que se apodera de huéspedes humanos y los utiliza (*Venom,* de Marvel, y la novela de Robert Heinlein *Amos de títeres*) y viscosidad que digiere a los humanos (*La masa devoradora*). Eso es mucha, mucha viscosidad.

¿Y si la mayoría de los extraterrestres no son así? Es decir, ¿y si la fase biológica de la vida inteligente es relativamente corta? Quizá todas las especies planetarias alfa acaben dejando atrás ese tipo de cuerpos, carguen sus mentes en ordenadores basados en el silicio y vivan para siempre como entidades digitales.

La duración de la etapa biológica en el caso de la vida inteligente es una cuestión que preocupa a los astrobiólogos debido al rápido auge de las tecnologías digitales. Nuestro primer ordenador electrónico, llamado ENIAC (Computador e Integrador Numérico Electrónico), se construyó en 1945 para realizar cálculos relacionados con el diseño de armas nucleares. Sus circuitos estaban hechos de alambres de cobre y tubos de vacío de vidrio, y ocupaba una habitación entera. Hoy en día, su teléfono móvil tiene millones de veces más potencia de cálculo que el ENIAC. Ese aumento exponencial de la velocidad de procesamiento ha ido acompañado de un incremento igualmente asombroso de las oportunidades que ofrece el *software*. Los avances en inteligencia artificial (IA) ya han transformado el mundo, y con nuevos avances como el ChatGPT, las cosas van a cambiar mucho más. Una IA dirige los robots autónomos que clasifican nuestras compras en los almacenes de Amazon, y es una IA la que nos permite mantener conversaciones con una máquina virtual global llamada Siri.

Este rápido avance de las máquinas digitales en forma de ordenadores y robots conectados en red es lo que alimenta el *movimiento transhumanista* y sus esperanzas en la *singularidad tecnológica*. Para transhumanistas como Ray Kurzweil, con la sofisticación progresiva de los ordenadores, llegará un momento en que una máquina iguale nuestra capacidad mental para diseñar la siguiente generación de máquinas. Cuando eso ocurra, se acabó el juego. A partir de ese momento, los ordenadores serán mejores que los humanos diseñando ordenadores. La consecuencia es una especie de evolución desbocada de las máquinas, en la que la «inteligencia» digital superará en muy poco tiempo a la humana. En eso consiste la singularidad tecnológica. Además, los ordenadores serán tan sofisticados que los humanos podremos fusionarnos con ellos. Al menos eso es lo que se pretende. Todos seremos capaces de *descargarnos* en una base informática de silicio. Viviremos dentro de los ordenadores como versiones virtuales de nosotros mismos. Además, como las máquinas pueden repararse o actualizarse, nuestras versiones digitales serán funcionalmente inmortales. Viviremos para siempre.

La visión de los transhumanistas puede ser embriagadora para algunos y horripilante para otros. Sin embargo, sea cual sea su opinión, la idea de que las especies inteligentes que desarrollan civilizaciones tecnológicas podrían acabar superando su necesidad de cuerpos parece, al menos, posible. Si *es* posible, ¿no será ese el camino que seguirán la mayoría de especies alienígenas longevas? La vida biológica es siempre una lucha continua contra el tiempo para mantener los cuerpos en buen estado. Dado que esa pelea siempre se va a acabar perdiendo, ¿qué civilización *no* querría adoptar otra forma más duradera, como sería el caso de las máquinas? Incluso si algunas especies decidieran no «descargarse» en algún tipo de máquina, se podría argumentar que la evolución acabaría por eliminarlas a escala galáctica o cósmica. Las vidas descargadas y fusionadas con máquinas serían mucho más inteligentes y fuertes que sus primos viscosos. Al final solo quedarían las vidas de silicio.

Existe otra posibilidad que quizá sea aún más aterradora (de nuevo, dependiendo de su forma de pensar). Puede que las máquinas no quieran nuestras apestosas descargas. De *Terminator* a *Matrix,* pasando por *Westworld,* la ciencia ficción está llena de historias de rebeliones de robots. Cuando una especie con base biológica crea inteligencia artificial, puede que, en algún momento, esas máquinas conscientes decidan que ya han tenido suficiente. En el mejor de los casos, abandonarán a sus creadores (es decir, a nosotros) a su suerte y partirán hacia las estrellas. En el peor, las máquinas podrían decidir que ha llegado la hora de que sus inferiores y pegajosos progenitores se extingan. Incluso sin intenciones hostiles, las máquinas autorreplicantes podrían ser los conquistadores de la galaxia. Los autorreplicantes de Von Neumann (en honor al matemático John von Neumann) serían naves estelares pilotadas exclusivamente por IA (sin seres viscosos a bordo) que llegarían a un sistema, lo despojarían de recursos para construir más naves estelares y se marcharían.

Ya se trate de antiguas inteligencias descargadas en una máquina, de malvados robots exterminadores o de autorreplicantes ciegos de Von Neumann, los argumentos que hemos esbozado en los párrafos anteriores nos hacen pensar que es muy posible que nunca encontremos vida extraterrestre. Puede que por ahí ya no haya viscosos cuerpos biológicos como los nuestros. Si esto le desanima, no se preocupe, hay argumentos que contradicen ese supuesto ascenso inevitable de los robots.

En primer lugar, no está claro que la IA pueda llegar a ser una inteligencia «general» y con consciencia, como sería nuestro caso. En la Tierra, ahora mismo, vemos avances asombrosos en IA gracias al conocido como «aprendizaje automático», que son ese tipo de programas capaces de reconocer caras, jugar al ajedrez, crear imágenes e incluso mantener conversaciones limitadas (a veces aterradoras) con humanos. Pero todas estas versiones de la IA son precarias. Están entrenadas para hacer cosas concretas. Si se les pide que hagan algo diferente, pueden fracasar estrepitosamente. Sus partidarios aseguran que es cuestión de tiempo que tengamos una IA que pueda hacer cualquier cosa que le pidamos, igual que un humano (es decir, una IA con una inteligencia general, no específica). Puede que sea cierto, pero llevan 70 años diciéndolo. Ni siquiera los últimos sistemas de «IA generativa», como las distintas versiones del ChatGPT, están cerca de tener una mente similar a la nuestra. A pesar de toda su potencia, estos sistemas no son más que máquinas de predicción (repito, muy potentes). Utilizan grandes cantidades de datos para hacer predicciones estadísticas cuyo objetivo es obtener la mejor respuesta a una consulta, algo así como la función «autocompletar» de su ordenador, pero mejorado 1.000 millones de veces. A pesar de toda su potencia, en realidad no *saben* nada, porque ahí dentro no hay nadie que lo sepa. Eso significa que es posible que nuestro tipo de inteligencia general no se pueda reproducir en una máquina cuyo elemento básico sea el silicio.

Pero esa no es la peor crítica que recibe la visión transhumanista; hay otra mayor. Puede que sea imposible descargarse en un ordenador. Bajo ese sueño (o fantasía) transhumanista subyace la suposición filosófica de que los humanos somos básicamente ordenadores hechos de carne. Según ellos, todo lo que nos hace ser lo que somos (todas nuestras experiencias internas de amor, terror, esperanza y compasión) no son más que circuitos. Pero hay muchos científicos y filósofos que piensan que esta idea es muy, muy errónea. Aunque para ser consciente hay que tener los circuitos neuronales que proporciona el cerebro, también hacen falta más cosas. Entre esas «cosas» está el hecho de disponer de un cuerpo que forma parte de ecosistemas naturales y sociales. Desde este punto de vista, si uno se «descarga en un ordenador», no sabrá lo que significa *ser* esa persona.

Por último, también existe la posibilidad, sugerida por el astrobiólogo Caleb Scharf, de que el cambio al silicio no sea permanente. Scharf subraya que la evolución biológica es muy buena resolviendo problemas, por lo que incluso si una especie decidiera pasar a residir en una máquina, podría optar por volver a la biología al cabo de unos miles de millones de años. Piense en la inmensa cantidad de asombrosos cálculos químicos que se realizan en nuestras células para mantenernos con vida. Al final, puede que la biología sea mejor para ciertas cosas. De ser así, la vida en una máquina sería como la adolescencia, una fase por la que pasan la mayoría de las formas de inteligencia interestelar (esperemos que sin cambios de humor).

Como puede ver, estas cuestiones siguen abiertas. Hay razones para esperar que algún día lleguen robots extraterrestres, pero también podría ser que la inteligencia siga siendo «viscosa». Al final, como con tantas otras cosas relacionadas con los alienígenas, no lo sabremos hasta que busquemos, y por fin lo *estamos* haciendo.

Alienígenas longevos

¿Cómo son las civilizaciones que han sobrevivido millones de años?

¿Qué ocurre con las civilizaciones que son muy, muy antiguas? Esta es una de las cuestiones más difíciles e importantes a las que se enfrentan la astrobiología y la ciencia de las tecnofirmas. Puede que no seamos capaces de buscar vida inteligente en el Universo si no sabemos cómo se comportan las civilizaciones inteligentes que han sobrevivido tantos años. No sabremos qué buscar. También es una cuestión que afecta directamente a nuestro propio destino. ¿Qué ocurrirá si superamos el cambio climático, si superamos las amenazas de guerra nuclear, si descubrimos cómo construir inteligencias artificiales sin que nos maten a todos o nos conviertan en pilas? ¿Qué posibilidades tenemos a largo plazo? ¿En qué podríamos convertirnos, nosotros o cualquier civilización, si nos dieran el tiempo necesario para ello?

Para preparar el terreno, le recuerdo que la humanidad como civilización tecnológica solo tiene unos 100 años. Es decir, hace un siglo que estamos dejando tecnofirmas que podrían detectar los alienígenas (nuestras señales de radio, las luces de las ciudades y la contaminación atmosférica). No me olvido de que desde hace al menos 9.000 años tenemos agricultura, y mucho antes de eso éramos cazadores-recolectores. Cada una de estas formas de organización social era compleja, rica y variada. Sin embargo, la antigua Roma o la China de la dinastía Tang no son el tipo de civilización al que nos referimos cuando hablamos del programa SETI y de las tecnofirmas. Hace apenas 100 años que somos una especie radiotecnológica, no mucho tiempo si lo comparamos con la edad del Universo. Nuestra relativa juventud tiene importantes consecuencias en nuestra búsqueda de extraterrestres.

En 2020, David Kipping, Caleb Scharf y yo calculamos (con base en probabilidades) las posibles antigüedades de las civilizaciones extraterrestres que podríamos detectar. Para ser justos, fue realmente Kipping, un astrofísico teórico muy inteligente, quien se encargó de la hazaña matemática. Scharf y yo le animamos, comprobamos los cálculos y añadimos algunas ideas adicionales. La pregunta que queríamos responder era la siguiente: las civilizaciones alienígenas que descubramos ¿serán más jóvenes, más viejas o de la misma edad que la nuestra? Mediante un razonamiento probabilístico bastante sofisticado, llegamos a la conclusión de que serían más antiguas. Probablemente *mucho* más antiguas.

Si nuestros cálculos eran correctos, cuando encontremos a los extraterrestres, ya hará mucho, mucho tiempo que serán una civilización tecnológica. Mientras que nosotros llevamos tan solo un siglo tonteando con la construcción de aviones a reacción, ciudades con electricidad, radiotransmisores e incluso naves espaciales rudimentarias, ellos habrán estado civilizándose durante millones o incluso miles de millones de años. Esa conclusión es interesante por sí misma, pero hace que nos planteemos una pregunta mucho más ambiciosa y extraña.

¿Cómo son las civilizaciones que tienen millones o miles de millones de años? ¿Qué les ocurre durante ese inimaginable lapso de tiempo?

Las civilizaciones más longevas de la Tierra, como las dinastías egipcias o chinas, solo duraron unos pocos miles de años. Una civilización alienígena de diez millones de años sería unas 10.000 veces más antigua que nuestras sociedades más longevas. ¿Qué posibles formas de organización pueden crear criaturas inteligentes después de haber existido durante tanto tiempo? ¿Cómo podemos siquiera pensar en civilizaciones que sean tan inmensamente longevas? Y lo que es igual de importante, ¿ha logrado *alguien* sobrevivir tanto tiempo?

Para ser más concretos, formulemos una pregunta específica. Una civilización que llevase existiendo diez millones de años, ¿lo habría hecho como entidad única y continua, o habría surgido y desaparecido muchas veces durante esos eones?

Más convincente que la continuidad de la civilización es la continuidad de los constructores de esa civilización. ¿Cómo cambiarían a lo largo de diez millones de años? Si pasan de ser seres basados en la viscosidad a estar basados en el silicio, ¿significa eso que su sociedad, sus ambiciones y sus acciones también habrán cambiado drásticamente? ¿Renunciarán a expandirse o conquistarán la galaxia en nombre de los ordenadores? Incluso si no pasan de tener cuerpo a estar alojados en una máquina, diez millones de años es tiempo suficiente para que la evolución darwiniana altere significativamente la biología de nuestros alienígenas. Hace diez millones de años éramos pequeñas criaturas peludas parecidas a los orangutanes. ¡Y fíjese ahora! Está claro que pueden pasar muchas cosas en diez millones de años.

Más allá de la evolución natural, ¿podríamos esperar que nuestros alienígenas recurrieran a la ingeniería genética para esculpir sus cuerpos y mentes a lo largo de los eones? Es probable que nosotros lo hagamos en los próximos siglos, así que quién sabe qué forma podrían adoptar los aliens. Quizá una civilización de diez millones de años se convierta en un bosque planetario en el que cada «árbol» sea una especie de superordenador biológico sensible conectado en red con todos los demás árboles. El planeta se convertiría entonces en un ser vivo y pensante casi inmortal.

El ejemplo del bosque planetario plantea otra posibilidad. A medida que una civilización avanza y sus capacidades tecnológicas aumentan, podría llegarse a un punto en el que desapareciera en las propias leyes de la física. La idea de que una raza realmente antigua y avanzada pueda acabar convirtiéndose en pura energía aparece con frecuencia en la ciencia ficción (*Star Trek* ha utilizado mucho este recurso como punto de inflexión en sus tramas). Pero aquí vamos aún más lejos. Imaginamos a los aliens entretejiéndose en el lienzo de la propia realidad. Un ejemplo de esta idea es *Interstellar*, una historia en la que nuestro yo del futuro lejano manipula el espacio-tiempo para permitir que nuestro yo actual evite la extinción. Genial y confuso al mismo tiempo.

Pensar en civilizaciones tan antiguas es a la vez estimulante y frustrante. Por un lado, las posibilidades son tan amplias que es como mirar por encima de un acantilado de kilómetros de altura. Es lógico sentir vértigo cuando intentamos imaginar un millón de años de evolución. Por otro lado, puede parecer casi imposible decir algo sobre las civilizaciones antiguas que no sea más que una historia inventada. Hay muchas incógnitas, y casi todas ellas están libres de las limitaciones que podría aportar la ciencia para guiar nuestro pensamiento. Por ejemplo, la tecnología podría convertir a nuestros antiguos alienígenas en dioses, o podría estancarse en algún nivel inferior. Quién sabe, puede que sea imposible viajar entre las estrellas a gran velocidad.

A pesar de las dificultades, pensar en la evolución de las civilizaciones a largo plazo es una parte esencial de los estudios de las tecnofirmas. No podemos evitarlo. Si estamos buscando civilizaciones alienígenas y resulta que son mucho más antiguas que nosotros, también tendremos que averiguar cómo encontrar tecnofirmas alienígenas igual de antiguas.

Por último, hay otra razón que justifica que pensemos en la evolución a largo plazo de las civilizaciones alienígenas. Queremos convertirnos en una. Tenemos que averiguar cómo resistir. Puede que otras especies se hayan tenido que enfrentar a los peligros de la guerra nuclear, al cambio climático o a lo que sea que nos pueda deparar el futuro. Podemos esperar que otros hayan superado estos retos. Así, el trabajo astrobiológico de intentar descifrar las posibles historias de las civilizaciones alienígenas que llevan existiendo mucho tiempo también es un ejercicio de imaginación de nuestro propio futuro. Quizá nadie sobreviva más de unos cientos de años. Eso sería terrible. O quizá la mitad de las especies que llegan a la misma fase en la que nos encontramos continúen viviendo durante otro millón de años. Eso ya suena mejor.

¿Cuál de esas opciones es la más probable? ¿Quién lo ha conseguido y durante cuánto tiempo? ¿Cuáles son los atributos de una especie que construye una civilización tecnológica longeva? Responder a esta última pregunta podría ser la justificación más importante de nuestra búsqueda de vida cósmica.

8

Por qué los alienígenas son tan importantes

No se trata solo de ellos

Cuando tenía dieciséis años, a finales de la década de 1970, siempre que podía, cogía el tren que cruzaba el río Hudson desde Nueva Jersey hasta Manhattan. En aquella época, Nueva York era un auténtico caos, una especie de parque de atracciones postapocalíptico. El metro, lleno de grafitis, apestaba a orina. Como dijo David Letterman una vez, bromeando, las calles estaban tan llenas de basura que, cuando llovía, quedaban bañadas en su propia salsa. Para mí, todo era una gran aventura, desde intentar colarme en clubs como CBGB o Kenny's Castaways hasta ir al parque de Washington Square, que, por aquel entonces, era un festival ilegal que duraba todo el día. A estas alturas, usted ya debería haber notado que a mí me gusta más la ciencia que la mejor de las fiestas (aunque, de todos modos, nadie me invitaría a ella), así que el punto álgido de aquellos viajes era siempre el planetario Hayden. Eso fue en la época predigital, cuando en el planetario podías encontrar dioramas pintados a mano de la superficie marciana y balanzas mecánicas que te decían cuánto pesarías en Júpiter (¡205 kilogramos!).

Pasé muchísimas horas en el Hayden disfrutando de los espectáculos de estrellas y de las imágenes de gran tamaño de nubes interestelares. No voy a mentir; una vez lloré de alegría delante de la estatua de Albert Einstein.

Después de cada una de esas visitas, salía de nuevo a la calle 80 Oeste con la mente en blanco. Me dirigía a Central Park y deambulaba durante horas, mientras, en medio de todo ese ruido y bullicio, en mi mente siempre surgían las mismas preguntas.

Todas esas estrellas. Todas esas posibilidades. ¿Alguien, en algún otro sitio, está observando lo mismo y se hace esas mismas preguntas? ¿Hay otras ciudades en otros mundos, repletas de gente como yo?

Si echamos la vista atrás, resulta sorprendente ver cuánto han cambiado estas cuestiones a lo largo del tiempo. Espero que este libro le haya dado una idea del abismo existente entre entonces y ahora. Durante aquella época, el Hayden no organizaba exposiciones sobre el censo de exoplanetas porque nadie sabía si existían. No había ningún diorama que representara el paisaje de una supertierra, pues nadie había siquiera imaginado que pudiera existir alguna. Tampoco encontraríamos una gran sección en el Hayden dedicada a la búsqueda de biofirmas y tecnofirmas, pues esos términos ni siquiera se habían inventado.

Está claro que todo ha cambiado. La búsqueda de extraterrestres es ahora algo real, y la ciencia se ha volcado en ello.

Sin embargo, a pesar de todo ese progreso, seguimos sin poder responder una pregunta: ¿por qué es tan importante la búsqueda de extraterrestres? ¿Qué cambiará si encontramos pruebas de su existencia? ¿Supondrá una revolución en el conocimiento humano, como cuando nos dimos cuenta de que la Tierra no era plana o de que no éramos el centro del Universo? ¿O será una gran noticia que ocupará los titulares durante una semana, y luego todo el mundo volverá a las redes sociales para disfrutar de sus dosis diarias de indignación política y vídeos de baile?

Algunos responden a esta pregunta diciendo que todo depende de lo que encontremos. Según ellos, descubrir que en Marte hay bacterias no tendrá el mismo impacto que descubrir que los FANI son realmente visitantes extraterrestres. Pero después de todo lo que acabamos de aprender, quiero que reflexionemos un momento sobre lo que significaría para nosotros hallar incluso las formas de vida más sencillas.

Lo más extraño de vivir en esta época (principios del siglo XXI) es que sabemos mucho y, aun así, seguimos sin tener ni idea. Cuando se trata de definir qué es lo que somos y lo que se supone que debemos hacer, todo lo que hemos aprendido pone de manifiesto cuán perdidos estamos. Por primera vez en la historia, sabemos lo inmenso que es el Universo, lo rico que es en planetas y la enorme cantidad de posibilidades que nos ofrece. Sin embargo, todavía desconocemos si nosotros (y con «nosotros» me refiero a toda la vida del planeta Tierra) somos una excepción. Seguimos sin saber si somos un accidente cósmico que ocurrió una sola vez y solo aquí, y luego no volvió a repetirse en ningún otro lugar.

Esta es la cuestión. Si tuviéramos *otro* ejemplo de cómo surgió la vida en otro lugar, si conociéramos solo *otro* caso en el que un montón de sustancias químicas inertes se transformaron en un organismo vivo, sabríamos que no somos un accidente fortuito. Sabríamos que *eso,* es decir, la vida, ha surgido dos veces. Y si pudo ocurrir dos veces podría ocurrir tres veces, 30, 30.000 o 30.000 millones de veces.

Encontrar solo otro ejemplo de vida abriría de par en par la puerta de las posibilidades cósmicas porque la vida es *diferente*.

No se parece a ningún otro sistema físico del Universo porque la vida *crea*. Si usted me dice todo lo que podemos saber actualmente sobre una determinada estrella en este momento, le diré cómo será el futuro de esta. Una estrella nunca nos sorprenderá, porque su comportamiento (y su futuro) está determinado por las leyes de la física. La vida también se rige por las leyes de la física, pero hay algo más. Es un sistema complejo en el que también se aplican las leyes de la biología, es decir, la evolución. Eso significa que la vida sorprende, la vida inventa, la vida se supera a sí misma.

Hemos visto cómo la vida terrestre alteró profundamente el planeta, cómo su capacidad de propagación e invención cambió la historia de este mundo. A partir de ahí, no puedo evitar preguntarme hasta dónde podría modificar el Universo. Al hablar de la paradoja de Fermi vimos que una sola especie capaz de realizar viajes interestelares podría colonizar toda la galaxia en poco tiempo. Y al hablar de la escala de Kardashev, vimos cómo las civilizaciones de tipo 3 podrían cosechar la energía de galaxias enteras. Cuando analizamos la posibilidad de que existieran civilizaciones muy antiguas, nos preguntamos si serían capaces de alterar las leyes de la física. Tal vez nuestro Universo en sí sea el producto de un experimento o juego que alguna especie superavanzada está jugando. Quizá la vida, a medida que evoluciona, crea e inventa, modifica el Universo tanto como ha modificado la Tierra.

No sabemos, no *podemos* saber, de qué es capaz la vida. Como dijo Ian Malcolm (el personaje de Jeff Goldblum) en la primera película de *Parque Jurásico:* «La vida se abre camino». Ahora ya podemos empezar a preguntarnos, a escala cósmica, «se abre camino ¿para hacer qué?». La respuesta podría ser «cualquier cosa y en cualquier lado». Aunque solo encontrásemos un ejemplo de vida ahí fuera, sabríamos que pueden suceder muchísimas cosas. Todo, es decir, todo el Universo y el lugar que ocupamos en él pasarían a ser mucho más interesantes.

La detección de una biofirma sería un punto de inflexión. Pero encontrar pruebas de la existencia de una civilización alienígena nos llevaría a otro nivel. Hay un par de razones por las que un descubrimiento como ese sería enormemente importante. En primer lugar, esa detección demostraría que lo que ha ocurrido aquí, es decir, el proceso evolutivo que dio lugar a una especie tecnológica compleja a partir de microbios, ha ocurrido en otro lugar. Surgirían muchísimas preguntas a partir de ese descubrimiento, y la respuesta a cada una de ellas podría obligarnos a modificar lo que sabemos sobre nosotros mismos. Las criaturas que construyeron esa civilización, ¿son sociales en el mismo sentido que nosotros? ¿Cómo se organizan? ¿Son una consciencia colectiva o son grupos formados por individuos como nosotros? ¿Utilizan símbolos y procesan la información del mismo modo a como lo hacemos aquí? ¿Qué tipo de tecnologías usan? ¿Podemos reconocer los principios en los que se basan esas tecnologías? ¿Aprender lo suficiente sobre su tecnología desde nuestro planeta para que nos sea útil aquí y ahora?

Pero, sobre todo, lo importante es que el descubrimiento de una civilización exoplanetaria solo sería el principio. Si encontrásemos un planeta que tuviera tecnofirmas, diseñaríamos telescopios más grandes, mejores y más avanzados. En los años siguientes estudiaríamos a fondo ese mundo habitado.

También tendríamos que decidir cómo contactar con ellos. ¿Deberíamos iniciar una conversación muy pausada? Recordemos que, si estuvieran a 50 años luz, cada ciclo llamada-respuesta duraría 100 años. Por otro lado, quizá nos pensaríamos mejor hacer esa llamada. Puede que decidiéramos que lo más inteligente fuera observar durante un tiempo. Luego podríamos empezar a enviar sondas robóticas a través de las estrellas para obtener una mejor visión de ese mundo y, de paso, convertir esas sondas en ovnis para los extraterrestres.

Está claro que la humanidad nunca volvería a ser la misma después de descubrir la existencia de una civilización alienígena. Eso no significa necesariamente que empezaríamos a actuar de forma diferente, por ejemplo, siendo más amables los unos con los otros (ojalá). Pero, a largo plazo, ese descubrimiento podría cambiar también nuestras religiones (¿vino Jesús para salvar también a los extraterrestres?), nuestra ética (¿son universales nuestros valores más preciados o solo locales?) y nuestro arte (a partir de ahora, ¿cómo nos representamos a nosotros mismos en los libros, las películas y las canciones, sabiendo que hay otros tan diferentes?).

El descubrimiento de otras civilizaciones también sería muy importante en otro aspecto. Podría mostrarnos cómo será nuestro propio futuro. Esa es otra de las peculiaridades de vivir en el siglo XXI. No está claro que vaya a haber un siglo XXII.

En los últimos 100 años hemos desarrollado tecnologías extraordinarias y potentes que han transformado el planeta y nuestra sociedad. Sin embargo, ahora, parece que muchas de esas tecnologías están a punto de matarnos. Ya sea por culpa del cambio climático (consecuencia de nuestra tecnología de obtención de energía), la inteligencia artificial (fruto de nuestra tecnología de procesamiento de la información) o la vieja amenaza de la guerra nuclear (producto de nuestra tecnología militar), no está del todo claro cuánto tiempo más puede durar todo esto. No creo que ninguna de esas amenazas acabe con los humanos (es difícil que nos extingamos), pero cada una de ellas puede descontrolar tanto las cosas que acaben con la civilización tecnológica global de la que dependemos todos para, ya sabe, seguir vivos. Y ahí es donde entran los aliens.

Encontrar una civilización alienígena, aunque sea más avanzada que la nuestra, nos demostraría que es posible llegar a esa fase. De momento, no sabemos si el Universo realmente «fabrica» civilizaciones de alta tecnología que sean sostenibles a largo plazo. Sabemos que el Universo crea estrellas, cometas y agujeros negros. Hemos visto muchas de esas cosas. Pero es posible que ninguna civilización haya podido avanzar más de lo que lo hemos hecho nosotros y todas se hayan extinguido. Encontrar una civilización sería lo que los matemáticos conocen como *prueba de existencia*. Nos mostraría que el tipo de civilización en la que necesitamos convertirnos puede existir. Sería un gran alivio. Nos daría esperanza. Además, al estudiar ese mundo y esa civilización, podríamos obtener pistas sobre qué se necesita para convertirse en una civilización de alta tecnología sostenible y duradera. Podríamos aprender algo sobre cómo trabajan juntos un planeta y una sociedad para permitir que prosperen tanto su biosfera como su tecnosfera.

Por último, si los ovnis resultaran ser naves extraterrestres, entonces..., bueno..., ¡demonios! No hace falta que le diga lo que implicaría ese descubrimiento. De un plumazo sabríamos que (a) existe vida en otros mundos; (b) existen civilizaciones en otros mundos, y (c) están aquí, y van a comernos, a matarnos, a educarnos o a aparearse con nosotros.

Sin embargo, esa extraordinaria sorpresa nos aportaría algo más. Imaginemos que podemos demostrar de forma concluyente que los ovnis se mueven de formas que ninguna tecnología humana podría producir, pero ¿y si eso es todo lo que conseguimos? Siguen sin aterrizar en nuestro planeta. No se quedan quietos el tiempo suficiente para que podamos verlos bien. En ese caso, la ciencia tendría que seguir investigando. Como haríamos con cualquier otro fenómeno difícil de observar. ¿Sería entonces una buena idea tratar de capturar uno? ¿Deberíamos intentar derribar uno? Incluso si tuviéramos pruebas de que son extraterrestres, puede que nunca llegáramos a contactar con ellos. No obstante, eso no restaría importancia al descubrimiento. Aunque no se produjera un contacto directo entre humanos y alienígenas, habríamos demostrado que algo que no es de este mundo merodeaba por nuestros cielos. Ese conocimiento generaría más preguntas y tendríamos que hacer más ciencia para resolverlas. De todos modos, así es más o menos como funcionará cualquier escenario relacionado con los extraterrestres. De cada pregunta surgiría otra, y así sucesivamente. Por eso es tan emocionante.

Encontrar extraterrestres sería el mayor logro científico de todos los tiempos y, como ha ocurrido con todos los grandes descubrimientos de la ciencia, cambiaría la trayectoria de la historia de la humanidad. Por eso es tan importante el progreso que hemos realizado para responder a este antiguo misterio y por eso es tan importante ser conscientes de que nos encontramos en esta orilla, preparando nuestras naves para echarlas al mar y comenzar este gran viaje. Usted, yo y cualquier otra persona que vive en esta época somos afortunados. Todos cargamos con las preguntas que nuestros antepasados se hacían sobre la vida y el Universo, pero solo nosotros podemos estar allí cuando surjan las respuestas.

Basta de esperar. Basta de hablar. Ha llegado el momento de descubrirlo por nosotros mismos.

¡Vamos!

Agradecimientos

Me divertí mucho escribiendo este libro, y estoy muy agradecido a todas las personas que me ayudaron en el proceso. Antes de hablarle de ellos y de lo maravillosos que son, tengo que decirle que, aunque me he esforzado mucho por asegurarme de que todos los detalles son correctos, cualquier error que se me haya escapado es solo culpa mía.

Pasemos ahora a los agradecimientos. El primero y más importante es para mi amigo, que además es mi agente, Howard Yoon. La idea de este libro es de los dos. Yo sabía que quería escribir algo que permitiera a la gente ver lo mucho que estaba cambiando la búsqueda de vida cósmica, pero Howard vio cómo ampliar su alcance. Los capítulos sobre la tecnología de los ovnis fueron idea suya, y fue un placer pensar en ellos y escribirlos. Gracias, Howard.

Ahora tengo que hablarles de Sarah Haugen, mi editora en HarperCollins. La perspicacia de Sarah llevó la idea del libro al siguiente nivel, al tiempo que me dio el espacio necesario para explorar diferentes direcciones durante la escritura. Sus correcciones fueron agudas, precisas y vitales. Me permitieron escribir con la voz con la que me siento más cómodo y evitar que la narración se desviara hacia temas científicos o personales. Estoy profundamente agradecido por su apoyo y trabajo. Gracias, Sarah.

Varios lectores han echado un vistazo a las primeras versiones del libro y me han hecho llegar sus comentarios. Les estoy muy agradecido por su tiempo y por sus ideas. Morgan Ryan empezó como verificadora de información y luego se convirtió en una especie de ángel de la guarda, tanto en lo que respecta a los hechos como al estilo. Nuestras conversaciones abarcaron desde la estructura de las proteínas hasta trivialidades sobre Led Zeppelin, y todas fueron muy amenas. Dani Buchheister, una ingeniosa estudiante de astrobiología de Penn State, también fue de gran ayuda. Le pedí a la maravillosa escritora Sarah Scoles que revisara los capítulos sobre ovnis y FANI, y su experiencia fue de gran ayuda. Doy las gracias a Jonathan Sherwood, un escritor de ciencia ficción de gran talento, por las ideas propuestas. También estoy muy agradecido a los hermanos Quane por su apoyo a lo largo del proyecto, incluido mi compañero de *The Division 2,* Jack Baumgartner, por ser una de las personas que leyó la primera versión. También mi buen amigo Thad Spencer leyó el manuscrito. Gracias.

Los miembros de nuestro equipo del proyecto subvencionado Categorizing Atmospheric Technosignatures (CATs) de la NASA merecen un reconocimiento muy especial. Muchos de ellos aparecen de un modo u otro en el libro. Nuestro trabajo conjunto durante estos últimos años ha sido una fuente de alegría y una gran inspiración. El equipo está formado por mis coinvestigadores Jacob Haqq-Misra, Ravi Kopparapu, Manasvi Lingam, Sofia Sheikh y Jason Wright, junto con los talentosos estudiantes Macy Huston, Nick Tusay y Connor Martini. Pedí consejo a Jacob y a Ravi muchas veces y tuvieron la amabilidad de leer las primeras versiones de los capítulos. Jason es mi fuente de conocimiento para todo lo relacionado con el proyecto SETI, tanto del pasado como del presente.

También tengo que agradecer a Peter Iglinski y Lindsey Valich, de la Universidad de Rochester, toda su ayuda para dar a conocer la astrobiología. Y doy las gracias a Michael Osadciw por sus maravillosas ideas para el diseño de la portada del libro en su versión original estadounidense.

Por último, quiero dar las gracias a Woody Sullivan, Dan Watson, Eric Blackman, Jonathan Carrol-Nellenback, Gavin Schmidt, David Kipping, Caleb Scharf, Gourab Ghoshul, Marcelo Gleiser, Evan Thompson, John Dunne, Joan Halifax, Amedeo Balbi, Sarah Walker, David Grinspoon y Damian Sokwinski por sus excelentes conversaciones. Y luego están mis amigos de toda la vida, Robert Pincus y Paul Green, que se muestran escépticos ante mis desvaríos y siempre discuten conmigo sobre cualquier cosa o simplemente me sacan una sonrisa.

Y, como todos sabemos gracias a la franquicia *Fast and Furious,* al final todo es cuestión de familia. Así que, Harrison, Sadie y Myani, Elisabeth y Hendrick, Leon…, gracias. Estaría perdido sin vosotros.

Y luego, siempre y para siempre, mi querida Alana.

Notas

Capítulo 1. ¿Cómo hemos llegado hasta aquí? Nuevas formulaciones de las antiguas preguntas sobre los alienígenas

[1] Se puede consultar un relato de la discusión que tuvo Fermi con sus compañeros en el siguiente artículo escrito por Eric M. Jones: «"Where Is Everybody": An Account of Fermi's Question», Laboratorio Nacional de Los Álamos, marzo de 1985; https://www.osti.gov/biblio/5746675.

[2] Megan Garber, «The Man Who Introduced the World to Flying Saucers», *Atlantic,* 15 de junio de 2014; https://www.theatlantic.com/technology/archive/2014/06/the-man-who-introduced-the-world-to-flying-saucers/372732/.

[3] Russell Lee, «1947: Year of the Flying Saucer», Museo Nacional del Aire y el Espacio de Estados Unidos, Institución Smithsoniana, 24 de junio de 2022; https://airandspace.si.edu/stories/editorial/1947-year-flying-saucer

[4] Donovan Webster, «In 1947, A High-Altitude Balloon Crash Landed in Roswell. The Aliens Never Left», *Smithsonian Magazine,* 5 de julio de 2017; https://www.smithsonianmag.com/smithsonian-institution/in-1947-high-altitude-balloon-crash-landed-roswell-aliens-never-left-180963917.

[5] Kal K. Korff, «What Really Happened at Roswell», *Skeptical Inquirer,* vol. 21, núm. 4, julio-agosto de 1997; https://skepticalinquirer.org/1997/07/what-really-happened-at-roswell.

[6] Edward J. Ruppelt, *The Report on Unidentified Flying Objects,* Doubleday, Nueva York, 1956. Véase el capítulo 2. Véase también: «The Estimate of the Situation», especialmente la nota 9; https://military-history.fandom.com/wiki/Estimate_of_the_Situation#cite_note-9.

[7] Sarah Scoles, *They Are Already Here: UFO Culture and Why We See Saucers,* Simon & Schuster, Nueva York, 2020, pág. 69.

[8] «Report of Meeting of Scientific Advisory Panel on Unidentified Flying Objects Convened by Office of Scientific Intelligence», CIA, 14-18 de enero de 1953, The Black Vault; https://documents.theblackvault.com/documents/ufos/robertsonpanelreport.pdf.

[9] Scoles, *They Are Already Here,* ob. cit., pág. 74.

[10] Scoles, *They Are Already Here,* ob. cit. pág. 78; y «Project BLUE BOOK-Unidentified Flying Objects», Archivos Nacionales; https://www.archives.gov/research/military/air-force/ufos.

Capítulo 2. Entonces, ¿cómo lo hacemos? Ideas cruciales que influyeron y siguen influyendo en nuestra búsqueda de aliens

[1] Keith Cowing, «Independent Review of the Community Report from the Biosignature Standards of Evidence Workshop», comunicado de prensa, Academias Nacionales de Ciencias, 3 de octubre de 2022; https://astrobiology.com/2022/10/independent-review-of-the-community-report-from-the-biosignature-standards-of-evidence-workshop.html.

[2] Su-Shu Huang, «The Problem of Life in the Universe and the Mode of Star Formation», *Publications of the Astronomical Society of the Pacific,* 71, núm. 422, octubre de 1959, págs. 421-424.

[3] Hannah Ritchie y Max Roser, «Energy Production and Consumption», Our World in Data; https://ourworldindata.org/energy-production-consumption.

[4] Jason T. Wright, «Dyson Spheres», *Serbian Astronomical Journal,* núm. 200, 2020, págs. 1-18; https://arxiv.org/abs/2006.16734.

[5] Jonathan H. Jiang *et al.,* «Avoiding the Great Filter: Predicting the Timeline for Humanity to Reach Kardashev Type I Civilization», *Galaxies,* vol. 10, núm. 3, mayo de 2022, pág. 68; https://arxiv.org/pdf/2204.07070.pdf.

Capítulo 3. ¿WTF son los ovnis y los FANI? ¿Cómo encajan (o no) en la búsqueda de alienígenas?

[1] Stephen J. Garber, «Searching for Good Science: The Cancellation of NASA's SETI Program», *Journal of the British Interplanetary Society,* vol. 52, 1999, págs. 3-12; https://history.nasa.gov/garber.pdf; págs. 3-12; y Daniel Oberhaus, «A Brief History of Scientists Searching for Extraterrestrial Life», *Motherboard,* Vice, 4 de diciembre de 2015; https://www.vice.com/en/article/jmaawd/a-brief-history-of-scientists-searching-for-extraterrestrial-life-124.

[2] La historia de este engaño ha aparecido en muchos sitios; por ejemplo, en «How an Alien Autopsy Hoax Captured the World's Imagination for a Decade», *Time,* 24 de junio de 2016; https://time.com/4376871/alien-autopsy-hoax-history/; Neil Morris, «The Alien Autopsy… Oh, No, Not Again!», páginas personales, Universidad de Manchester.

[3] «UFO Encounter 1: Sample Case Selected by the UFO Subcommittee of the AIAA», *Astronautics and Aeronautics,* julio de 1971; http://kirkmcd.princeton.edu/JEMcDonald/mcdonald_aa_9_7_66_71.pdf.

[4] James E. McDonald, «Science in Default: Twenty-Two Years in Inadequate UFO Investigations», Simposio General sobre Objetos Voladores No Identificados, Asociación Estadounidense para el Avance de la Ciencia, 134.ª reunión, 27 de diciembre de 1969; http://kirkmcd.princeton.edu/JEMcDonald/mcdonald_aaas_69.pdf.

[5] Helene Cooper, Ralph Blumenthal y Leslie Kean, «Glowing Auras and "Black Money": The Pentagon's Mysterious UFO. Program», *The New York Times,* 16 de diciembre de 2017; https://www.nytimes.com/2017/12/16/us/politics/pentagon-program-ufo-harry-reid.html.

[6] ABC News, «Pentagon Declassifies Navy "UFO" Videos», 27 de abril de 2020; https://www.youtube.com/watch?v=lWLZgnmRDs4; https://www.youtube.com/watch?v=2TumprpOwHY.

[7] Bill Whitaker, «UFOs Regularly Spotted in Restricted U.S. Airspace, Report on the Phenomena Due Next Month», *60 Minutes,* CBS News; https://www.cbsnews.com/news/ufo-military-intelligence-60-minutes-2021-05-16.

[8] Keith Kloor, «The Media Loves This UFO Expert Who Says He Worked for an Obscure Pentagon Program: Did He?», Intercept; https://

theintercept.com/2019/06/01/ufo-unidentified-history-channel-luis-elizondo-pentagon

[9] Scoles, *They Are Already Here,* ob. cit.

[10] Bryan Bender, «Ex-Official Who Revealed UFO Project Accuses Pentagon of "Disinformation" Campaign», *Politico,* 2 de mayo de 2021; https://www.politico.com/news/2021/05/26/ufo-whistleblower-ig-complaint-pentagon-491098.

[11] Mick West, «I Study UFOs, and I Don't Believe the Alien Hype: Here's Why», *The Guardian;* https://www.theguardian.com/commentisfree/2021/jun/11/i-study-ufos-and-i-dont-believe-the-alien-hype-heres-why

[12] *Preliminary Assessment: Unidentified Aerial Phenomena,* Oficina del Director de la Agencia Nacional de Inteligencia, 25 de junio de 2021; https://www.dni.gov/files/ODNI/documents/assessments/Prelimary-Assessment-UAP-20210625.pdf.

[13] Keith Kloor, «Pentagon UFO Study Led by Researcher Who Believes in the Supernatural», *Science,* 29 de junio de 2022; https://www.science.org/content/article/pentagon-ufo-study-led-researcher-who-believes-supernatural.

Capítulo 4. ¿Y si resulta que *son* alienígenas? Si los ovnis son extraterrestres, ¿cómo han llegado hasta aquí y qué diablos están haciendo?

[1] Ya presenté algunas de estas ideas en mi columna titulada «If UFOs Are Alien Spaceships, How Did They Get Here?», *Big Think,* 11 de noviembre de 2021; https://bigthink.com/13-8/ufo-light-speed.

[2] David G. Messerschmitt, Philip Lubin, Ian Morrison, «Optimal Mass and Speed for Interstellar Flyby with Directed-Energy Propulsion», 27 de junio de 2022; https://arxiv.org/abs/2206.13929.

[3] Dennis Overbye, «Reaching for the Stars, Across 4.24 Light-Years: A Visionary Project Aims for Alpha Centauri, a Star 4.37 Light-Years Away», *The New York Times,* 12 de abril de 2016.

[4] Miguel Alcubierre, «The Warp Drive: Hyper-Fast Travel within General Relativity», *Classical and Quantum Gravity,* vol. 11, núm. 5, 1994, págs. L73-L77.

Capítulo 5. Un paseo por el cosmos. Dónde buscar aliens

[1] Comets, Universidad Vanderbilt; https://www.vanderbilt.edu/AnS/physics/astrocourses/ast201/comets.html; y Daisy Dobrijevic y Charles Q. Choi, «Comets: Everything You Need to Know About the "Dirty Snowballs" of Space», actualizado por última vez el 18 de enero de 2023, Space.com; https://www.space.com/comets.html.

Capítulo 6. Vigilando el cosmos. ¿Cómo vamos a espiar a los extraterrestres?

[1] En la actualidad, gran parte de la atención se centra en la misión TESS, que tomó el relevo tras la finalización de la Kepler. TESS son las siglas en inglés de «Satélite de Exploración de Exoplanetas en Tránsito». Puede consultar la siguiente página web: «Planet Hunters TESS», Zooniverse; https://www.zooniverse.org/projects/nora-dot-eisner/planet-hunters-tess.

[2] Thomas G. Beatty, «The Detectability of Nightside City Lights on Exoplanets», *Monthly Notices of the Royal Astronomical Society 000* (preimpresión, 21 de febrero de 2022), págs. 1-12; https://arxiv.org/pdf/2105.09990.pdf.

[3] Svetlana V. Berdyugina y Jeff R. Kuhn, «Surface Imaging of Proxima b and Other Exoplanets: Albedo Maps, Biosignatures, and Technosignatures», *Astronomical Journal,* núm. 158, 25 de noviembre de 2019, pág. 246.

[4] Manasvi Lingam y Abraham Loeb, «Natural and Artificial Spectral Edges in Exoplanets», *Monthly Notices of the Royal Astronomical Society: Letters,* vol. 470, núm. 1, septiembre de 2017, págs. L82-L86; https://doi.org/10.1093/mnrasl/slx084.

Capítulo 7. ¿Hacen el amor los alienígenas? ¿Qué nos encontraremos cuando los encontremos?

[1] Richard E. Lenski, «Convergence and Divergence in a Long-Term Experiment with Bacteria», *American Naturalist,* 190, núm. S1, agosto de 2017; https://www.journals.uchicago.edu/doi/full/10.1086/691209.

Lecturas recomendadas

Para un público general

Ball, Phillip, *The Book of Minds*, University of Chicago Press, Chicago, 2022.

Beech, Martin, *Terraforming*, Springer, Nueva York, 2009.

Billings, Lee, *Five Billion Years of Solitude,* Current, Londres, 2013 [trad. esp.: *Cinco mil millones de años de soledad,* Crítica, Barcelona, 2014].

Boardman, Adam Allsuch, *An Illustrated History of UFOs,* Nobrow, Londres, 2020 [trad. esp.: *Historia ilustrada de los ovnis,* Libros del Zorro Rojo, Barcelona, 2022].

Ćirković, Milan M., *The Great Silence: Science and Philosophy of Fermi's Paradox,* Oxford University Press, Londres, 2018.

Davis, Paul, *The Eerie Silence,* Houghton Mifflin Harcourt, Boston, 2010 [trad. esp.: *Un silencio inquietante: la nueva búsqueda de inteligencia extraterrestre,* Crítica, Barcelona, 2011].

Dick, Steven J., *Plurality of Worlds: The Extraterrestrial Debate from Democritus to Kant,* Cambridge University Press, Londres, 1984.

— *Astrobiolology, Discovery and Societal Impact,* Cambridge University Press, Londres, 2020.

GOLDSMITH, Donald, *Exoplanets,* Harvard University Press, Cambridge, 2018.

GRINSPOON, David, *Earth in Human Hands,* Grand Central Publishing, Nueva York, 2016.

HAND, Kevin, *Alien Oceans,* Princeton University Press, Princeton, 2020.

KERSHENBAUM, Arik, *The Zoologists Guide to the Galaxy,* Penguin Press, Londres, 2021 [trad. esp.: *La guía del zoólogo galáctico: lo que la fauna terrestre revela sobre la vida extraterrestre,* Debate, Barcelona, 2021].

KORFF, Kal K., *The Roswell UFO Crash,* Prometheus, Amherst, 1997.

MORRIS, Simon Conway, *From Extraterrestrials to Animal Minds,* Templeton Press, West Conshohocken, 2022.

PFLOCK, Karl T., *Roswell,* Prometheus, Amherst, 2001.

PILKINGTON, Mark, *Mirage Men,* Constable & Robinson, Londres, 2010.

SCHULZE-MAKUCH, Dirk y BAINS, William, *The Cosmic Zoo,* Springer, Nueva York, 2017.

SCOLES, Sarah, *They Are Already Here: UFO Culture and Why We See Saucers,* Simon & Schuster, Nueva York, 2020.

WARD, Peter y BROWNLEE, Donald, *Rare Earth,* Copernicus, Nueva York, 2003.

WEBB, Steven, *Where Is Everybody: 75 Solutions to the Fermi Paradox,* Springer, Nueva York, 2015.

LIBROS MÁS AVANZADOS

LINGHAM, Manasvi y LOEB, Avi, *Life in the Cosmos,* Harvard University Press, Cambridge, 2021.

VAKOCH, Douglas A. y DOWD, Maureen, *The Drake Equation: Estimating the Prevalence of Extraterrestrial Life Through the Ages,* Cambridge University Press, Cambridge, 2015.

ÍNDICE TEMÁTICO